创新课堂系列丛书
中国儿童青少年计算机表演赛辅导用书
北京市中小学校本选修课教材

——App Inventor 应用程序设计与实践

威盛中国芯HTC成长数字营活动办公室 组织编写
牛海涛 毛澄洁 编著

科学出版社
北京

内 容 简 介

MIT App Inventor是麻省理工定位于青少年发挥创新、实践于计算机动手能力培养的优秀平台。本书以案例方式讲解App Inventor 2的在线图形化编程工具，详细介绍了App Inventor的各项知识点，内容设计由易到难，由简到繁，本书共分8章，涉及App Inventor 2环境，App Inventor 2组件，BLOCK编程基本语法，多媒体应用，动画游戏开发，短信，电话功能，TinyDB数据库组件，GPS与地图应用、数据交互应用，传感器和蓝牙应用。通过知识点结合案例的方式，培养学生的动手实践和创造能力。

本书是威盛中国芯·HTC·成长数字营创新课堂系列丛书之一，也是中国儿童青少年计算机表演赛配套辅导用书，任务设计和讲解面向比赛和课堂教学，还可作为中小学信息技术等相关课程的教材和参考书。

图书在版编目(CIP)数据

手机应用开发：App Inventor 应用程序设计与实践 / 威盛中国芯HTC 成长数字营活动办公室组织编写；牛海涛编著 . —北京：科学出版社，2015.3
（威盛中国芯HTC 成长数字营创新课堂系列丛书）
ISBN 978-7-03-043950-5

Ⅰ.①手… Ⅱ.①威… ②牛… Ⅲ.①移动通信-应用程序-程序设计 Ⅳ.①TN929.53
中国版本图书馆CIP数据核字（2015）第055646号

责任编辑：于海云 / 责任校对：张怡君
责任印制：霍 兵 / 封面设计：迷底书装

科 学 出 版 社 出版
北京东黄城根北街16号
邮政编码：100717
http://www.sciencep.com

新科印刷有限公司 印刷
科学出版社发行 各地新华书店经销
*
2015年3月第 一 版　　开本：787×1092　1/16
2015年3月第一次印刷　　印张：7 1/4
　　　　　　　　　　字数：171 000
定价：25.00元
（如有印装质量问题，我社负责调换）

编写委员会

顾　问：倪光南　吴文虎
　　　　张云卿　谢作如
主　编：牛海涛　毛澄洁

丛书序

党的十八大报告明确把"信息化水平大幅提升"纳入全面建成小康社会的目标之一,大力推进信息化已成为事关国民经济和社会发展全局的重要举措。教育信息化是国家信息化的重要组成部分和战略重点,具有基础性、战略性、全局性地位。二十多年来,教育信息化得到了迅速发展,教育信息化日益被普及推广,对教育的改革和发展起到了重要推动作用。

威盛中国芯·HTC·成长数字营(以下简称"数字营")是一个致力于推动教育信息化的公益项目,数字营目前主要有创新课堂、教育扶贫、未来教室三大项目。其中,创新课堂项目主要以提供信息技术创新应用课程、开展相关教师培训为核心,丰富教师的教学内容,拓展教师的教学思路。

随着信息技术的迅速发展,相关的教学内容也在不断更新,教师面临着新技术、新内容、新教学方法等多方面的问题。创新课堂系列丛书正是根据信息技术发展的需要,由一批相关领域的专家、学者,以及工作于教学第一线的教师共同编写而成的。本套丛书将目前国内外前沿的、具有实用价值和创新性的内容进行了科学、系统的整理和创新,作为对学校现有课程的延伸和补充,帮助教师提升自身的专业能力。

本套丛书及相关课程的开发主要结合了现代教育和社会热点,根据循序渐进的教学规律划分成若干阶段,并以趣味性的课堂设计引领学生进入课程学习。目前,丛书主要涉及信息技术的相关领域,包含《虚拟机器人设计与实践》、《手机应用开发》、《数字故事创作》、《网络信息搜索》、《微型集成电路初探》、《青少年信息安全实践》等。

本套丛书具有较广的适用面,已经纳入北京市中小学校本选修课教材,可作为中国儿童青少年计算机表演赛等信息技术普及教育活动的辅导用书。

相信本套丛书的出版有助于进一步推动信息技术课程的研究和改革，对培养适应信息时代的高素质人才，提高青少年信息素养起到积极的作用。热忱欢迎全国教育界同行和关注青少年信息技术教育的广大有识之士对我们的工作提出宝贵意见和建议！

威盛中国芯·HTC·成长数字营活动办公室

2013 年 6 月

前言

MIT App Inventor 允许每个人，即便是从来没有接触过的新手，都可以在 Android 设备上通过块结构的编程工具建立移动应用程序。孩子们可以用一个小时甚至更短的时间创建他们的第一个应用。MIT App Inventor 是 Hal Abelson 教授的伟大杰作，目前这个 Web 服务由麻省理工学院的计算机科学与人工智能实验室维护，全球来自 195 个国家的近二百万用户在使用 App Inventor，每周超过 85000 的活跃用户建立了超过 4 700 000 个 Android 应用。

MIT App Inventor 帮助青少年在没有任何编写程序基础的情况下，能够发挥天马行空的想象和创意，利用 App Inventor 工具动手实现创意，有效地锻炼学生的思维能力和逻辑能力，并通过动手实践培养学生的创造能力，加强学生解决问题和与团队协作的能力。

本书充分利用 App Inventor 2 在线图形化和入门门槛低的特点，尽量避免复杂程序设计的过程出现，采用简洁直观，偏重案例操作的风格进行编写。全书主要内容包括：App Inventor 2 环境入门，App Inventor 2 开发基础要素，照相机多媒体应用，动画游戏应用开发，短信、电话功能，TinyDB 数据库组件，GPS 调用地图应用，数据交互应用，传感器和蓝牙应用等。本书给出了众多有趣的案例应用，通过应用的步骤，详细讲解其中的功能点，书中的案例提供了二维码，可以通过二维码直接下载安装体验案例。

本书在编写过程中，力求体现以下特色：

（1）强调动手操作能力，避免过多出现乏味的编程理论，将程序的理解溶解在实践操作中。

（2）强调结果导向，通过二维码案例展现，过程中通过二维码同步设备测试展现，让孩子们时时保持兴趣度和成就感。

（3）考虑读者的年龄层次，知识范围及事物认知能力，书中内容力求文字精炼，图文并茂。

（4）每个章节都以案例驱动的方式进行编写，并提供案例改进或扩展的思路，培养学生的自我创新和动手能力。

本书在编写过程中受到了威盛中国芯·HTC·成长数字营活动办公室的大力协助，得到了很多的宝贵修改意见，在此特别感谢。由于时间和水平有限，书中的不足之处，希望广大读者提出宝贵的意见和建议，以便我们及时修订。

编　者

2015 年 1 月 20 日

App Inventor 前置内容
——环境搭建

1. App Inventor 开发环境

第一步：打开浏览器，在浏览器中输入 http://ai2.appinventor.mit.edu（图1）。如果你无法打开链接，可以参看本章下面的备用服务器开发环境。

图 1　使用浏览器打开开发环境

第二步：进入开发环境前会提示使用 Google 账号登录，如果还没有一个 Google 账号，你需要先行注册一个 Google 的账号，并进行登录（图2）。

图 2　Google 账号登录

如果还没有账号，单击"Create an account"创建一个Google账号，填写如图3所示的表单。

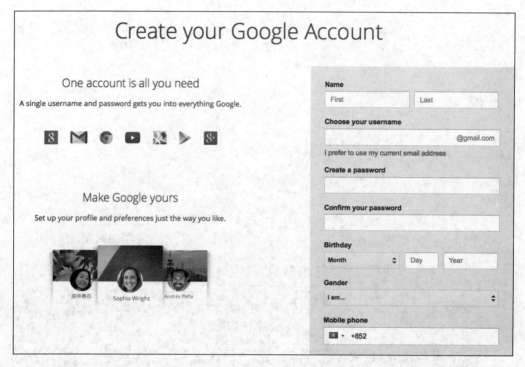

图3 Google账号注册

第三步：使用Google账号成功登录后，Google会询问你是否允许授权，选择"Allow"，之后会进入App Inventor的欢迎页面。我们无需在环境的建立上大费周章，App Inventor让你几分钟就可以开始创建程序。

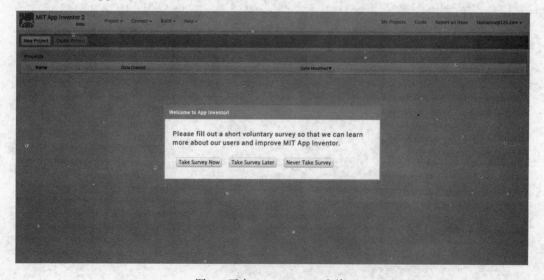

图4 开启App Inventor之旅

图 4 是 App Inventor 的欢迎界面，页面弹窗所示的英文意思大概为"请你填写一份简短的自愿调查，便于 MIT App Inventor 能够了解用户并改进产品"。选择"Take Survey Later"或"Never Take Sruvey"按钮，不参与调查，MIT App Inventor 会进入另一个环境说明的页面（图 5）。

第四步：每次进入开发环境之前，都会看到如图 5 所示的欢迎页面，如果你有 Android 手机可以打开第一个链接，学习如何安装和连接一个 Android 设备，如果你没有 Android 手机，则可以通过第二个链接学习安装和运行模拟器进行测试。

图 5　App Inventor 的欢迎界面

在"建立项目说明"（图 6）的这个环境欢迎界面中，提示我们通过"New"按钮开始创建第一个工程，另外，如果你曾经建立的项目找不到了，可能是使用了 App Inventor 1.0 版本，通过链接 http: //beta.appinventor.mit.edu 可以找到旧版的项目。鼠标单击任意位置，进入创建工程的页面。

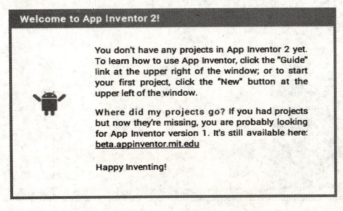

图 6　App Inventor 建立项目说明

2. 备用开发环境

由于受 Google 插件影响，可能 http://ai2.appinventor.mit.edu 地址经常无法访问，可通过访问备用服务器 http://contest.appinventor.mit.edu/ 进行 App Inventor 的开发。

第一步：在浏览器中输入网址 http://contest.appinventor.mit.edu/。进入如图 7 所示页面（如果访问较慢，参考第二步内容）。

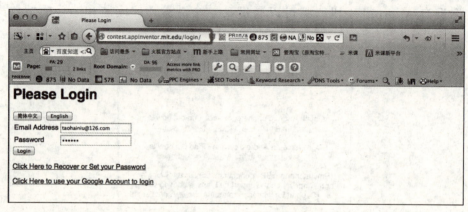

图 7　App inventor 备用服务器

第二步：由于备用网站需要访问 Google 字体库（http://fonts.googleapis.com）会影响到备用网址的加载速度，因此需要修改系统的 hosts 文件。如图 8 所示找到系统的 hosts 文件。

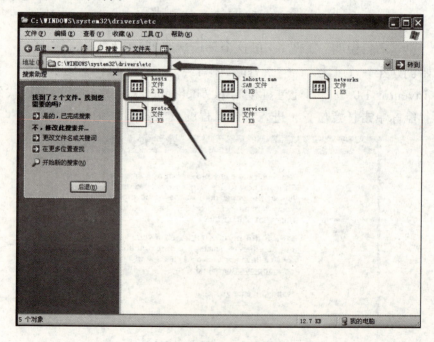

图 8　系统 hosts 文件

如图 9 所示，在 hosts 文件上使用右击，并选择使用记事本打开 hosts 件。

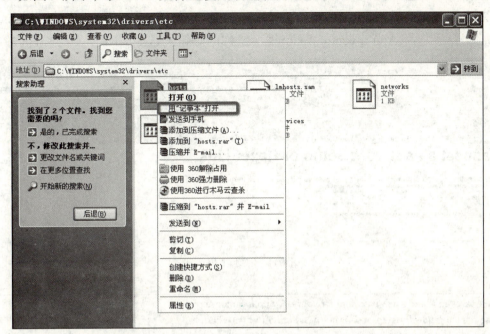

图 9　用记事本打开 hosts 文件

在 hosts 文件中新增如图 10 所示的内容，将加载慢的内容映射在速度较快的 IP 地址上。新增完成后，保存并关闭文件。再打开备用地址速度将会变的很快。

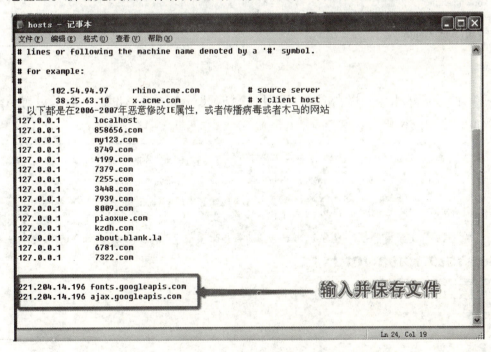

图 10　新增 IP 地址的映射

第三步：登录开发环境需要设置 Email 地址和密码，单击链接“Click Here to Recover or Set your Password”进行设置，进入如图 11 所示界面，输入 Email 地址单击发送后，App Inventor Team 将会给你的邮箱发送如图 12 所示的邮件内容。

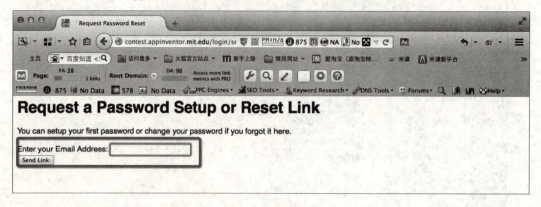

图 11　请求密码

You have requested a new password for your MIT App Inventor Account. Use the link below to set (or reset) your password. After you click on this link you will be asked to provide a new password. Once you do that you will be logged in to App Inventor.

Your Link is: http://contest.appinventor.mit.edu/login/dd66a021-36ce-4bb9-96ee-e22dec4377ba/setpw

Happy Inventing!

The MIT App Inventor Team

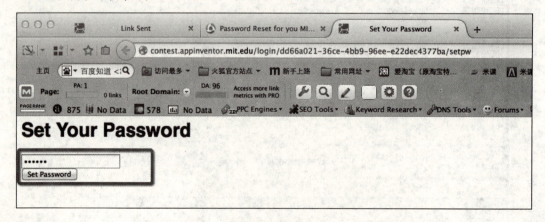

图 12　设置密码邮件

第四步：单击收到的邮件中的链接，打开图 13 的密码设置页面，设置 App Inventor 账户的密码。

图 13　设置密码

成功设置密码后，确认 App Inventor 的服务协议，如图 14 所示。

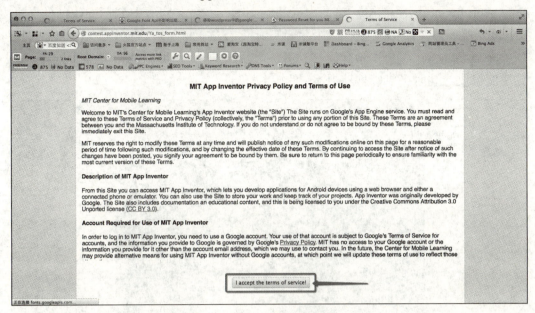

图 14　App Inventor 服务协议

同意协议后，将进入备用的开发环境，如图 15 所示。

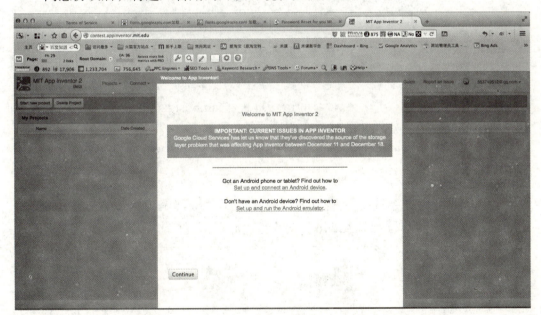

图 15　备用网址开发环境

3. 国内服务器

为解决 App Inventor 国内用户遇到的访问性和速度的问题，在华南理工大学和美国麻省理工学院的直接大力支持下，在广州市教育科研网安装部署了国内首台 App Inventor 服务器，地址为：app.gzjkw.net。这是第一个官方认证的 App Inventor 服务器（图 16）。

app.gzjkw.net 完全本地化，国内用户不用再连接到美国的服务器，连接/下载速度很快。同时提供邮件注册登录和 QQ 登录。

图 16　app inventor 国内服务器

国内服务器的注册登录方式与前面讲述的方式雷同，这里不再赘述，除了开发环境外，国内还提供了一个学习的论坛地址：appbbs.gzjkw.net。可以论坛上与国内 App Inventor 的爱好者进行分享交流。

建议大家在实际开发过程中，为保证访问的通畅，首选国内服务器。

4. 生成 Android 手机文件

在 Android 操作系统的手机中，安装的程序后缀都是为 apk 的文件，apk 是 AndroidPackage 的缩写，即 Android 安装包（apk），如图 17 所示。

图 17　apk 文件

把 apk 文件拷贝到手机中，单击文件就可以进行安装，如图 18 所示。

图 18　apk 安装

　　App Inventor 可以帮助我们将开发的程序打包为 apk 文件（图 19），可以通过 App Inventor 项目中单击 Build 中的 App（save .apk to my computer）来实现，此操作将扩展名为 apk 的文件保存到电脑。你可以将 apk 文件上传到 Web 上，让其他人可以下载并安装。

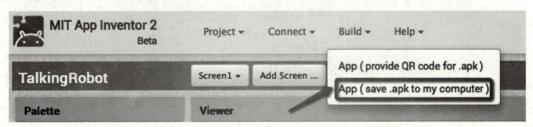

图 19　打包你的程序

　　注意： 需要强调的是，手机设备的安全设置中"未知来源"一项必须选中，才能安装来源于 Android Market 之外的应用。

5. 分享你的程序

　　除了与你的家人和朋友一起分享 apk 应用程序，还可以和其他 App Inventor 开发者共享应用的程序代码块，通过单击开发环境中的 Project 的 My Projects，选中要共享的应用，选择 project 菜单中的 Export selected project（.aia）to my computer（图 20）。

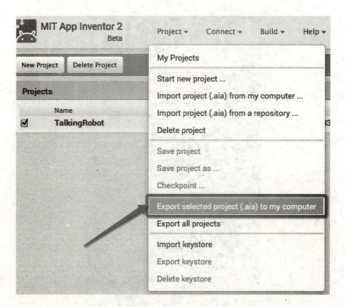

图 20　分享代码程序

此操作将扩展名为 aia 的文件保存到电脑上默认的下载文件夹中。可以用电子邮件把文件发给其他人，他们打开 App Inventor，选择 Project 的 Import project，并选择 .aia 文件（图 21）。使用者可以获得该应用的完整备份，对此备份的任何修改，都不会影响原有版本。

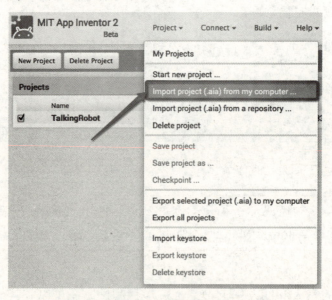

图 21　导入代码文件

通过 App Inventor 能够让你享受分享和成长的快乐，在后面的学习中，我们将开启 Android 应用程序开发的学习，你将体验程序的快乐。

目录

丛书序

前言

App Inventor 前置内容——环境搭建

第1章　会说话的机器人——App Inventor 界面组件与 Block …1

第2章　机器人大搜捕——传感器的使用……………………16

第3章　与明星合照——多媒体组件……………………………31

第4章　贪吃的小猴一——创建游戏场景与精灵………………43

第5章　贪吃的小猴二——游戏碰撞检测………………………54

第6章　儿童安全卫士——短信与数据库………………………62

第7章　位置小贴士——GPS 与地图应用………………………77

第8章　创客世界——蓝牙与 ARDUINO…………………………88

第1章 会说话的机器人——App Inventor 界面组件与 Block

同学们，你是否想象过自己的未来，也许将来的你是律师、足球运动员、科学家、医生、卫生保健工作者、警察、艺术家、消防员、体育教练、老师，甚至你是一个计算机程序工作者。未来，无论你充当任何一个角色，你都会有自己天马行空的想法，移动计算技术可以让你充当的角色变得更加神奇，在 App Inventor 的世界，你可以轻松地将想法转化为应用的原型，创建自己专属的应用，利用移动计算技术来满足你个人的需求。

看看我们身边科技的力量，让这个世界变的多么有趣（图1-1），你还在等什么？加入 App Inventor 的世界，你会具备改变世界的能力。

图1-1　科技的力量

📎 学习要点

- 掌握开发环境，使用 App Inventor 组件构建应用外观。
- 块编辑器为组件设定行为的过程及方法。
- 通过"AI 伴侣"一边创建应用，一边利用手机查看运行情况。
- 掌握从本地计算机如何加载媒体文件（声音/图像）到应用中。

📎 任务概述

本章的任务是在 Android 手机上构建一个会说话的机器人"Talking Robot"（图 1-2），当你触摸它时，它会说外星语言。在手机上制作一个可爱的公仔玩具，是多么有意思的一个事情。

把如图 1-2 所示的机器人放到我们的手机上展示一下怎么样，打开你的手机，使用二维码工具，对准下面的二维码进行扫描，你的手机会安装我们本章节的案例应用（图 1-3）。

图 1-2 会说话的机器人 "Talking Robot"

图 1-3 Android 手机案例展示

📎 组件清单

从表 1-1 可以看到会说话的机器人"Talking Robot"程序所需要的各种组件和资源文件。

案例需要绘制两个组件，一个用于标题显示这个程序的 Title，另一个组件用于绘制机器人，该机器人可以单击，我们将这个组件定义为具有机器人外形的按钮。当对机器人执行不同动作时，如触摸单击它的时候，会调用声音文件进行播放。

表 1-1　组件清单

会说话的机器人组件清单	组件外观	控件类型	组件用途
	Label	文本标签	展示文本说明
	Button	按钮组件	用户可以使用鼠标或空格键按下它以便在应用程序中发起一个动作
	Sound	声音组件	用于播放和控制声音文件

操作指引

1.1 创建 App Inventor 工程

在前置内容中已经讲解了通过 http://ai2.appinventor.mit.edu 或配置本地开发环境进入 App Inventor 开发环境的方法，这里不再赘述，进入开发环境后，我们能够通过"New Project"按钮创建一个 App Inventor 工程，在这里为本章应用定义一个名字为"TalkingRobot"的工程，图 1-4、图 1-5 展示了创建"TalkingRobot"项目过程。

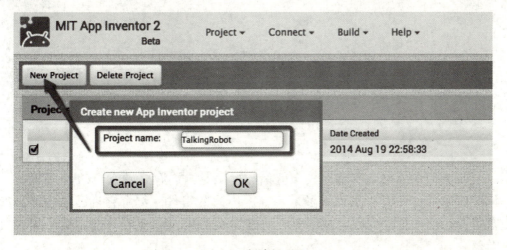

图 1-4　创建新项目

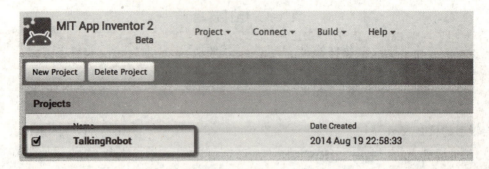

图1-5　项目列表

1.2 初识 App Inventor 设计器

通过单击"TalkingRobot"的工程，进入到如图1-6所示在浏览器中运行的组件设计器，通过右上角的"Designer"可以切换到组件设计器中。这个界面是你完成项目的起始点。

组件设计器中包含了4个主要的区域，分别为组件面板（Palette）、预览窗口（Viewer）、组件列表（Components）和组件的属性（Properties）。

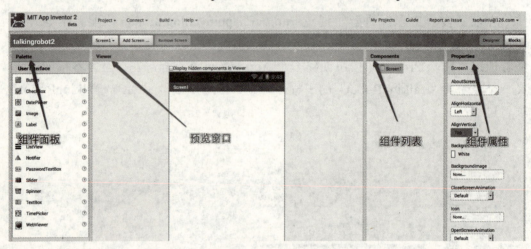

图1-6　组件设计器

组件是创建应用的基本元素，就像你电脑是由内存、硬盘、CPU等构成，它们就像组件设计器的组件一样，每一个不同的组件，都有它自己的功能，如硬盘负责存储数据，它就像左侧图中组件列表中Storage，在程序里这个组件负责存储。

组件的种类很多，每个组件都是非常有趣的，在这里就不再一一介绍了，在后面章节的学习过程中，我们会在每个项目案例中插入不同的组件进行学习。你将在本书中学习大量的充满乐趣的组件，使用它们能绘制游戏的界面，能让你任意控制手机拍照，发短信，能利用手机的传感器完成有趣的项目等等。

1.3 添加一个标题

我们从一个较为简单组件开始，在 Palette 中找到 Label 组件，如图 1-7 所示的红色边框围绕的组件，将 Lable 组件拖动到右侧的 Viewer 中。你会看到一个矩形框出现在预览窗口中，框里写着 "Text for Label1"。

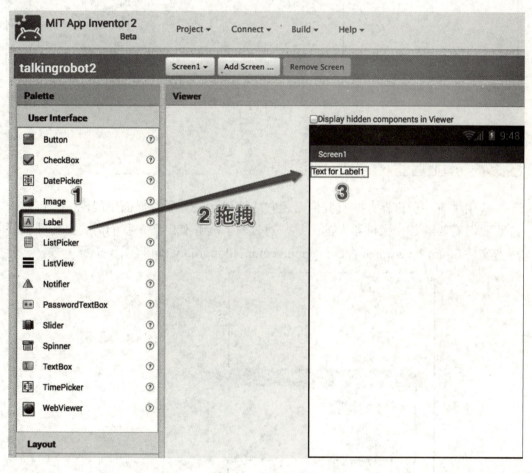

图 1-7　创建新项目

现在将 Lable 展示的文字 "Text for Label1" 改为 "我是会说话的机器人"，在组件设计器最右侧的 Properties 中，找到 Text 属性，将属性框中的文字修改为 "我是会说话的机器人"，如图 1-8 所示。

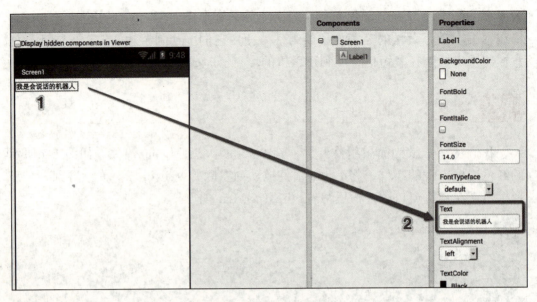

图 1-8　Lable 的 Text 属性

1.4 添加机器人图片和语音

应用中有一个机器人并且我们希望它能够说话，为了让界面中展现一个机器人外观我们需要准备一张机器人的图片，同时为了能够有声音，我们需要提前准备好声音文件。http://www.hebg3.com/appinventor/talkingrobot.zip 提供了资源下载。

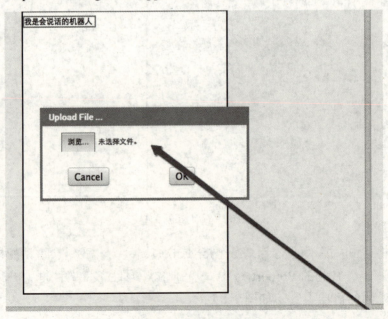

图 1-9　上传资源文件

如图 1-9 所示，在 Components 组件列表的下面有一个 Media 标签，里面显示"Upload File…"按钮，单击"Upload File…"按钮，再单击弹出窗口中的"选择文件"按钮，浏览并选择你下载的文件就可以将声音文件和图片文件上传到工程中。图 1-10 是单击浏览的界面效果：

图 1-10　浏览文件

上传声音和图片后，组件的属性就可以加载到这些文件，你可以将这些上传的资源设置到 Button 组件或声音组件的属性（图 1-11）。

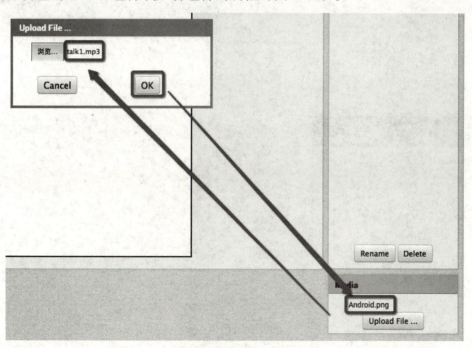

图 1-11　上传效果

1.5　创建 Android 机器人

TalkingRobot 应用中的机器人是使用 Button 组件来实现，所以需要先创建一个 Button 按钮，在组件设计器的组件面板（Palette）中找到 Button 组件，将它拖到预览窗口（Viewer）中的 Label 下方。你将会在 Viewer 中看到一个写着"Text for Button"的按钮。

同时为了让这个 Button 组件看起来更像一个机器人，我们需要修改它的 Image 属性来实现，在属性面板中，找到 Image 属性，单击它的输入框你会看到图 1-12 所示的选择。

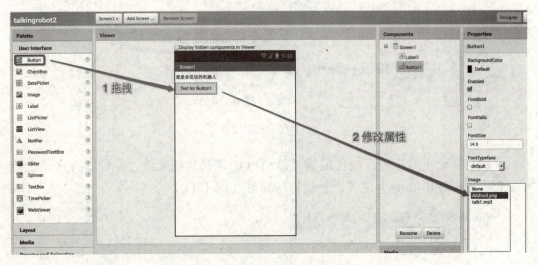

图 1-12　Button 的 Image 属性

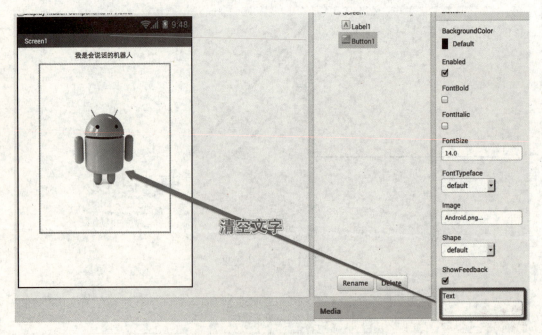

图 1-13　Button 的 Text 属性

1.6 把机器人运行在手机上

为了能够把这个会说话的机器人安装在你们的手机上,需要同学们在 Android 手机设备上安装 "AI 伴侣" 软件,你可以通过微信或其他二维码扫码软件扫描下面图 1-14 的二维码,实现软件的下载及安装。

图 1-14 "AI 伴侣"

如果你没有扫码软件,也可以通过地址 www.weisheng.com/ai.akp 或者在国内服务器地址 app.gzjkw.net/companions/MITAI2Companion.apk 中下载 "AI 伴侣",Copy 到你的手机中进行安装。

运行 "会说话的机器人" 程序的过程很容易,我们需要如图 1-15 所示选择 Connect 菜单的 AI Companion。

图 1-15 AI Companion

选择过后,你会看到展现一个二维码界面,与此同时需要在 Android 设备上运行 AI 伴侣,并通过 AI 伴侣对二维码进行扫描,如图 1-16。

图 1-16　AI 伴侣的界面

在手机上单击"Scan QR code"扫描二维码，即可将开发的程序安装在手机上运行，如图 1-17 所示。

图 1-17　"会说话的机器人"程序安装

 为机器人添加声音

我们希望单击机器人按钮时，应用会发出外星人的声音。为此需要添加外星人说话的声音文件，并通过设定 Button 的行为来实现这一功能。在 App Inventor 中，播放声音需要 Sound 组件来完成，我们从组件面板中找到 Sound 组件，将其拖放到 Viewer 视图中（图 1-18）。

第 1 章　会说话的机器人——App Inventor 界面组件与 Block

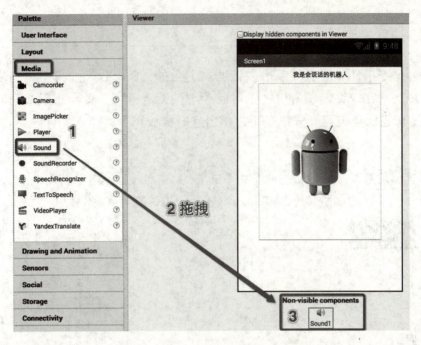

图 1-18　Sound 组件

你会发现无论你把它放在哪里，它都会出现在预览窗口的底部，并被标记为"Non-visible components（非可视组件）"。非可视组件在应用中发挥特定作用，但不会显示在用户界面中。

单击 Sound 组件以显示其属性（图 1-19）。设置其 Source 属性，和设置图片一样简单，稍后我们会学习如何让 Sound 组件播放这些声音。

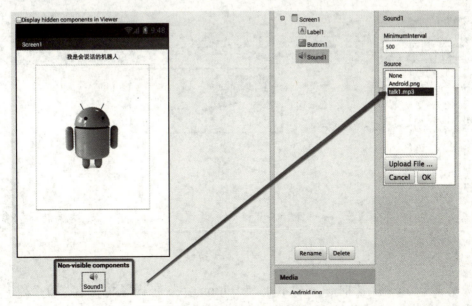

图 1-19　Sound 声音源设置

1.8 机器人说话

在创建完组件界面后，单击设计器右上角的"Blocks"按钮切换到块编辑器（图1-20）。在块编辑器窗口中，可以为组件设定行为：做什么以及何时做。现在我们先来完成让机器人按钮在用户单击它时播放声音。

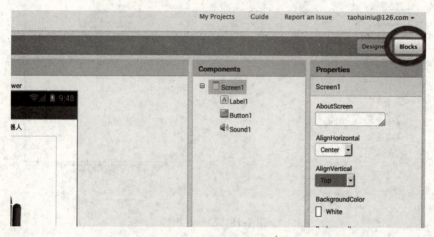

图1-20 切换到块编辑器

在块编辑器窗口的左侧，可以看到许多分属不同类别的按钮（图1-21），在Built-in分类中有很多基础函数块和逻辑块，其下面是我们在设计器中创建的所有组件当单击这些组件的时候，就像打开抽屉，将看到一组适用于该组件的可选程序块（Blocks）。

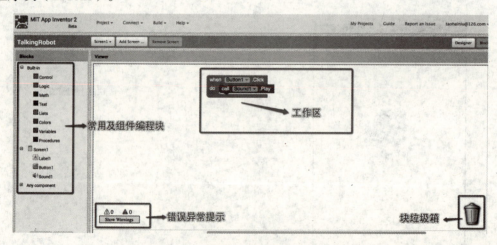

图1-21 块编辑器

单击Button打开抽屉，显示了与Button有关的程序块。在图1-22中可以看到Button1.Click的块，这个块的意思就是按钮单击，但块中还包含了when…

do…，其含义是当单击了 Button 按钮，做某某事情。在这个应用里就是当单击了 Button 就播放声音。我们把这个块拖到 Viewer 中。

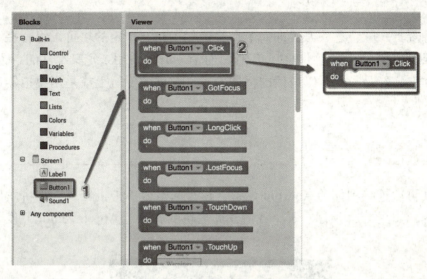

图 1-22　Button 组件的程序块

因为想播放声音，因此我们在块编辑器中看看声音的块有什么，单击 Sound1 打开抽屉，可以看到图 1-23 所示的各种关于 Sound 的块。

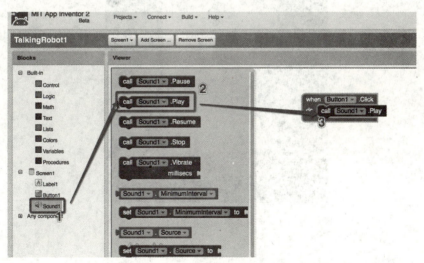

图 1-23　Sound 组件的程序块

从大概英文含义中可以看到"call Sound1.Play"块是播放 Sound1 的意思，拖出"call Sound1.Play"块到 viewer 视图中。现在我们可以和前面连贯起来，当 Button1 被单击时，Sound1 将被播放（Sound1 加载了外星人说话的声音文件）。按照这个逻辑我们把它们拼到一起。

在做如上拼接时，你会听到"啪"的一声，并且块"call Sound1.Play"的形状恰好可以嵌入 Button1.Click 块中标有"do"的缺口。它们共同构成了一个程序单元。

就像玩具一样，这种方式即简单，又确保了只有特定的块可以组合在一起，这样确保了连在一起的块可以协同工作。标有 call 的块用来定义组件的行为。

现在它已经是一个可以说话的机器人了，在你的手机上或是用模拟器运行一下吧。

1.9 设备测试

现在再次连接到你的 Android 设备，运行起来，单击机器人，它将发出外星人的声音，如图 1-24 所示。瞧，我们如此之快的就通过 App Inventor 开发了手机程序。

图 1-24　实机测试

想一想

通过会说话的机器人"TalkingRobot"工程的创建，本章带领大家学习了创建项目的过程，在创建过程中，学习了组件设计器和块编辑器的使用。在实现过程中，是否有注意过 Label 和 Button 组件是如何居中展示的呢？

请大家从图 1-25 中找到让组件居中的方法，并在案例中实现。

第 1 章 会说话的机器人——App Inventor 界面组件与 Block

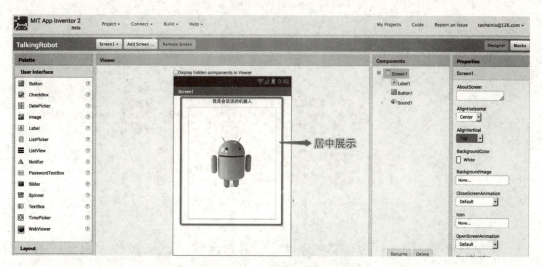

图 1-25 如何实现的居中展示

📎 阅览室

从 20 世纪 60 年代开始，在 MIT 的 Logo 小组以及 Logo 语言发明人 Seymour Papert 的积极努力下，一系列与计算机及教育有关的活动在整个美国相继发展起来，并一直持续至今。App Inventor 是其中重要的组成环节。

App Inventor 由谷歌公司的 Hal Abelson 创建，于 2010 年 7 月 12 日上线运行，2010 年 12 月 15 日公开发布。2011 年下半年，谷歌公司公布了应用的源码，关闭了服务器，投资创建了 MIT 移动学习中心。该中心负责 App Inventor 的后续开发及运营维护，并于 2012 年 3 月发布了 App Inventor 的 MIT 版本，此后，又于 2013 年 12 月 6 日发布了 App Inventor 2，并将此前的版本命名为"经典 App Inventor"。

用手机拍摄下面的二维码（图 1-26），你可以通过视频了解更多的 App Inventor。（播放前请连接 Wi-Fi）。

图 1-26 App Inventor 视频展示

第2章　机器人大搜捕——传感器的使用

当你在手机或Pad上玩赛车游戏时，赛车的方向就像操控方向盘一样，是通过倾斜手机进行控制的，这个游戏之所以能够实现，都是因为你所携带的移动设备装备了高科技的传感器，可以探测到位置、方向以及加速度。本章就将带你体验有趣的传感器（图2-1）。

图 2-1　Pad 上的赛车游戏

学习要点

- 通过块编辑器产生随机数，随机展示不同的图片和声音。
- App Inventor 提供传感器组件，加速度传感器（Accelerometer Sensor）可以检测到设备的移动。
- 让手机产生振动的方法。

任务概述

本章延续上一章节的内容，在应用中创建多个不同种族、不同语言的"会说话的机器人",通过摇晃手机,将在手机屏幕上随机展示不同的机器人,试试晃动多少次,能找到 Android 机器人。和你身边的人比比,看谁在 1 分钟内,找到 Android 机器人的次数最多(图 2-2)。

图 2-2 随机搜捕机器人

使用二维码工具,对准下面的二维码(图 2-3)进行扫描,先来体验本章案例的内容。

图 2-3 机器人大搜捕案例展示

📎 组件清单

从表 2-1 可以看到本章程序涉及的各种组件。

本章案例是对上一章应用的延续,主体组件与上章相同,本章最为重要的是加速度传感器组件。

表 2-1　组件清单

	组件	类型	说明
机器人大搜捕组件清单	AccelerometerSensor	加速度传感器	可以检测到设备的摇晃或移动
	Label	文本标签	展示文本说明
	Button	按钮组件	用户可以使用鼠标或空格键按下它以便在应用程序中发起一个动作
	Sound	声音组件	用于播放和控制声音文件

操作指引

2.1 打开工程

访问 http://ai2.appinventor.mit.edu 或进入本地开发环境，本章是在第一章基础上进行的升级，因此无需再新建工程，在 App Inventor 工程列表中，选择"TalkingRobot"的工程打开，图 2-4 展示了打开"TalkingRobot"项目过程。

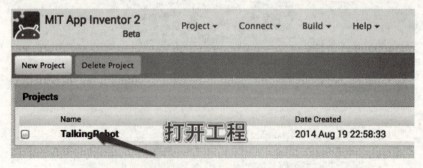

图 2-4　打开"TalkingRobot"工程

2.2 添加新的机器人图片

在"会说话的机器人"应用中,已经创建了一个小 Android 机器人,本章需要在此基础上,加载创建更多的机器人。

参考第一章上传图片资源的讲解,在项目中上传另外两个机器人的图片,分别为 robot2.jpg 和 robot3.jpg,你除了可以使用 png 格式的图片外,jpg 也是应用中常用的图片格式。

上传图片后,文件展示如图 2-5 所示。

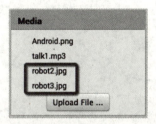

图 2-5 上传机器人图片

在"会说话的机器人"应用中,图片展示的载体是 Button 按钮,通过 Button 按钮的 image 属性设置机器人图片。那么另外两个机器人图片我们依然采用这种方式。这就需要在工程中新增加两个 Button 组件。如图 2-6 所示。

图 2-6 添加两个 Button 组件

添加完成 Button,分别设置两个 Button 的属性,为两个 Button 设置 image 属性,用于展示两个不同的机器人图片。如图 2-7 所示。

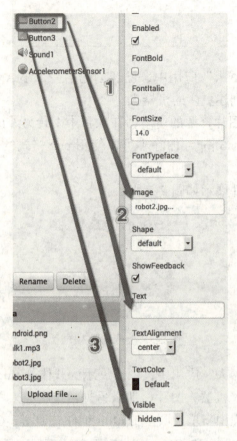

图 2-7　设置 Button 属性

同时将两个 Button 组件的 Text 属性设为空。需要注意的是现在暂时不需要显示两个 Button 按钮（也就是两个机器人），因为他们是摇晃手机是才需要展现，因此需要将 Button 按钮的 Visible 属性设置为 hidden（隐藏）状态。

2.3 振动效果

在第一章中，当单击机器人的时候，会播放声音文件，本章我们希望以另外的形式来诠释其他两个机器人的发声。利用手机的振动来发声是件很 Cool 的事情，这在 App Inventor 中很容易实现，我们先来尝试一下让第一个机器人在播放声音的时候伴随振动。

进入块编辑器，展开 Sound1 的块；选择 call Sound1.Vibrate 块，将其拖动到 when Button1.Click 块内，置于 call Sound1.Play 块下，恰好与原来的块吻合；如果不吻合，可尝试拖动它，使 call Sound1.Vibrate 块顶部的凹陷恰好与 call Sound1.Play 块底部的凸起相对（图 2-8）。

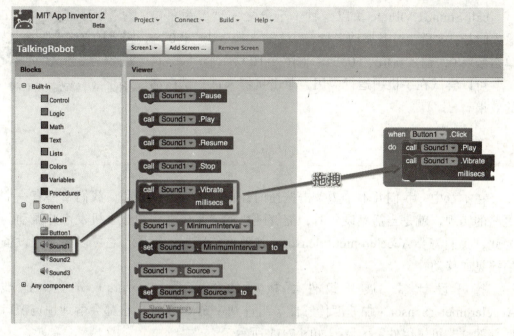

图 2-8　添加手机的振动模块

call Sound1.Vibrate 块的右下角写着 millisecs（毫秒）。块上的开放插槽表示需要插入其他块，来设定行为的具体方式。需要设定 call Sound1.Vibrate 块的振动时长。

展开 Math（数学）抽屉，其中的第一个块是"0"，这就是数字块，把它拖拽到 call Sound1.Vibrate 块的缺口处（图 2-9）。

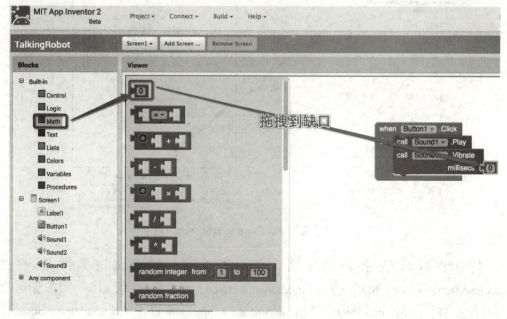

图 2-9　添加数字块

call Sound1.Vibrate 块以毫秒（千分之一秒）为单位输入时长，这里让设备振动半秒，需要输入数字块"500"。单击数字 0，输入新值"500"，如图 2-10 所示。

图 2-10　修改振动时间

可以尝试在手机中运行应用，单击机器人试一试振动的效果。

2.4　晃动手机

在本章中，我们并不希望单击按钮时让机器人发声或振动，我们希望有一个更酷的实现，就是当摇晃设备时，能够随机的展示机器人并让手机发声并振动。为此，我们需要 AccelerometerSensor（加速度传感器）组件，它可以检测到设备的摇晃或移动。

打开设计器，展开组件面板中的传感器（Sensors）分类，拖拽 AccelerometerSensor（加速度传感器）组件到 Viewer 区域，它都会落到预览窗口底部的"非可视组件"区域。如图 2-11 所示。

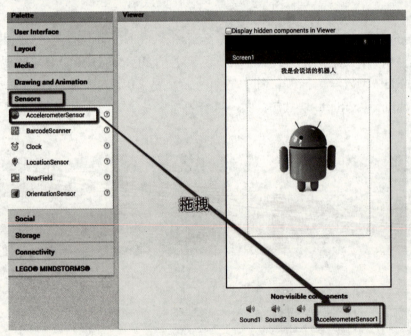

图 2-11　添加 AccelerometerSensor 组件

打开块编辑器，我们用摇晃设备的事件取代单击按钮事件分。打开 AccelerometerSensor1 抽屉，拖出 AccelerometerSensor1.Shaking 块。像单击按钮时播放声音一样，将 Sound1.Play 块和 call Sound1.Vibrate 块插入 AccelerometerSensor1.Shaking 插槽，如图 2-12 所示。此时，摇动设备时将发出声音并产生振动效果。

图 2-12 摇晃设备时发声振动

2.5 添加随机数

为使手机在晃动的时候随机展示不同的机器人，我们需要一个能够产生随机整数的块，这就是 random integer from 块。

打开块编辑器，在 Math 块中，找到 random integer from 块，将其拖拽到块编辑器中，将 100 改为 3（图 2-13），因为现在我们只需要随机产生三个随机整数。这三个数分别为 1、2、3。

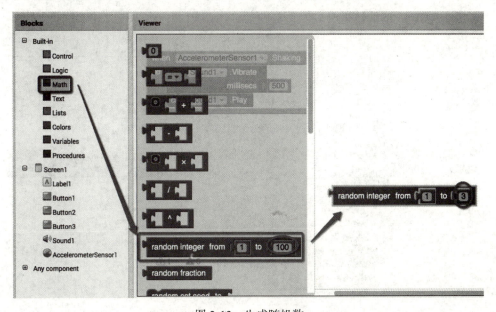

图 2-13 生成随机数

为了能够判断生成的随机整数是否匹配，在块编辑器中添加比较运算符块，如图 2-14 所示，将比较运算符块推拽到块编辑器中。

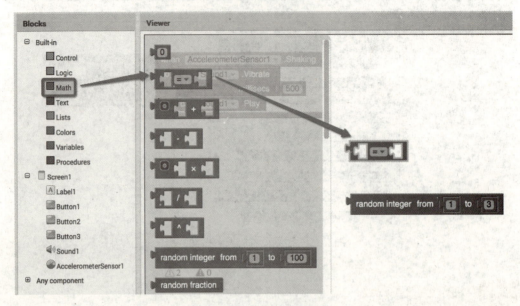

图 2-14　添加比较运算符块

将 random integer from 块拖入比较运算符块的插槽中，如图 2-15 所示。

图 2-15　比较运算符使用

图 2-16 展示了如何判断生成的随机数是否为数字 1。

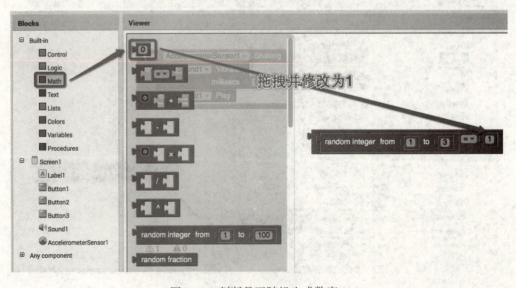

图 2-16　判断是否随机生成数字 1

应用希望在随机数为 1 的时候，才让机器人播放声音发声振动，因此这里需要添加一个判断，if then 块是用来做条件判断的，例如：如果随机数为 1，那么调用声音的振动和播放。

打开块 Control 的抽屉，找到 if then 块，将它放在 AccelerometerSensor1.Shaking 块的插槽中，并将声音振动和播放的块放在 then 的插槽中（图 2-17）。

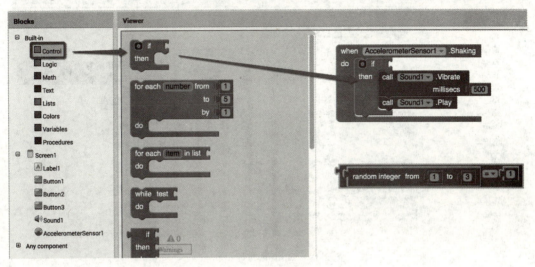

图 2-17　if then 块的使用

将随机数判断的 random integer from 块推拽到 if 判断的插槽中，作为判断依据（图 2-18）。

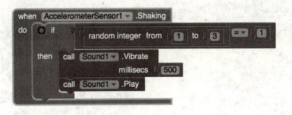

图 2-18　随机数判断

2.6　随机显示不同机器人

要想实现三个机器人随机的展现，就需要控制 Button 的显示状态，当第一个机器人显示的时候，其他两个机器人是隐藏的状态，再根据随机产生的整数来判断显示哪个机器人。

Button 的 set Button Visible 块用来设置 Button 的显示状态，如图 2-19 所示，

将 set Button Visible 块推拽到 if then 块的插槽中。

它的属性是通过 true 和 false 来定义的，设置为 true 代表显示，设置为 false 代表隐藏 Button。如图 2-20 所示当随机数为 1 时显示 Button1 机器人。

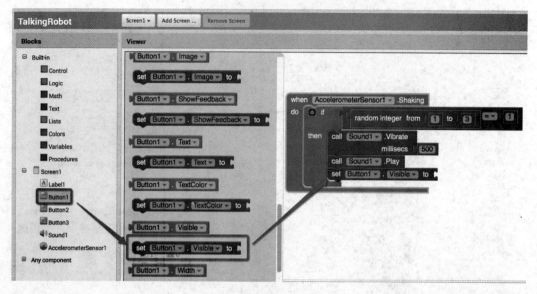

图 2-19 Button 的显示状态

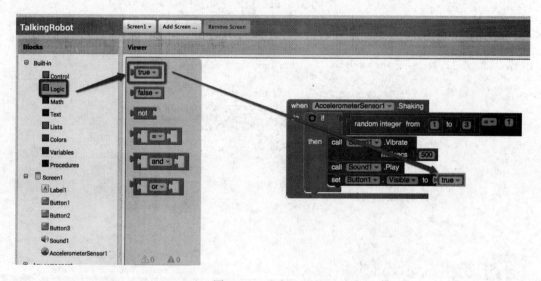

图 2-20 显示 Button1

以此类推，在随机数为 1 的时候，Button2 和 Button3 所代表的机器人就应当不现实，设置如图 2-21 所示。

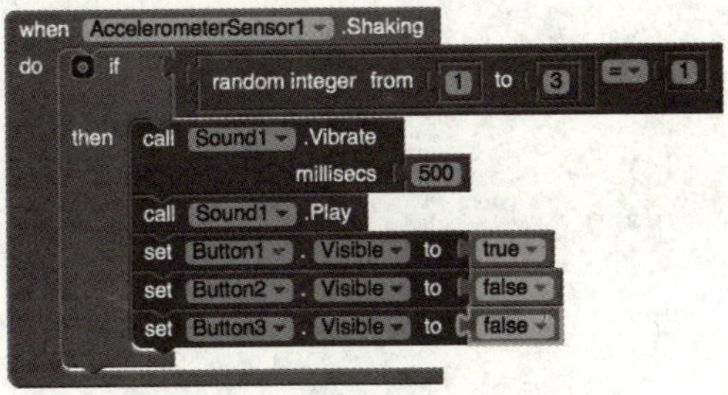

图 2-21　随机数为 1 时的展示

完成第一个机器人的代码后，我们接着完成第二个机器人的随机展示，为了减少反复，加快效率，我们直接在 if then 块上右击，选择复制（Duplicate），将复制一份 if then 块中的全部内容（图 2-22）。

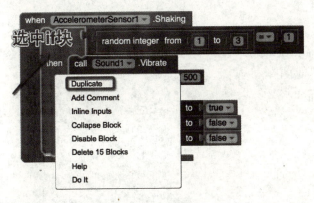

图 2-22　复制块

将复制的块放在第一个 if then 块的下面，并将随机数的判断改为数字 2。如图 2-23 所示。

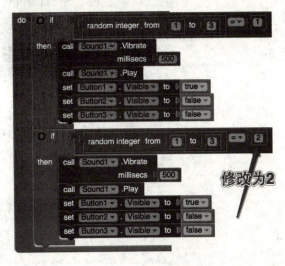

图 2-23　修改随机数

第二个机器人我们只想让其振动，不希望它播放声音，因此我们删除掉 call Sound1 play 块，右击，选择 Delete Block，如图 2-24 所示。

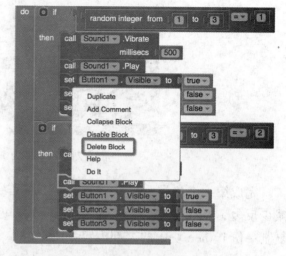

图 2-24　删除块

修改 Button 状态，让第二个机器人显示，其他两个机器人隐藏，如图 2-25 所示。

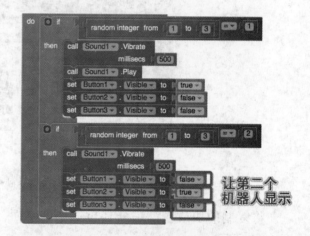

图 2-25　显示第二个机器人

以此类推，如图 2-26 所示设置第三个机器人的状态。

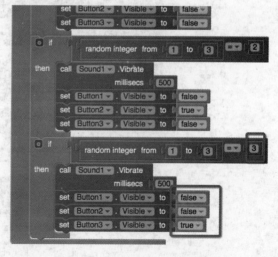

图 2-26　第三个机器人的状态

2.7 设备测试

现在到你的 Android 设备看看，当你晃动手机的时候，屏幕上的机器人是否随机发生了变化，快和你的伙伴比比，看谁在 1 分钟晃出的 Android 小机器人最多（图 2-27）。

图 2-27　实机测试

想一想

在晃动手机的时候，应用的 Label 标签的内容并没有发生变化，如图 2-28 所示，请各位同学利用本章所学的知识，在晃动手机的时候，同时让三个机器人有三种不同的标签说明。

图 2-28　晃动手机时改变 title 内容

📎 阅览室

　　加速度是速度随时间的变化率，如果你踩下油门，车会加速——车速会以一定的比率增加。通过本章的学习，大家已经了解了在 Android 手机中内置了加速度计，用于测量加速度，但测量的参照系不是静止的手机，而是自由下落中的手机：如果你让手机下落，它所记录的加速度读数为 0。一句话，读数与重力有关。

　　本章程序能够在晃动手机时，切换不同的机器人，如图 2-29 所示，因为设备读到了对应加速度在三个维度上的改变。

　　传感器是移动应用中最富魅力的部分，因为它们实现了用户与环境之间实实在在的交互。无论是用户体验，还是应用开发，移动计算为我们带来了无限的商机。不过依然要精心地构思一个应用，来决定何时、何地以及如何使用这些传感器。

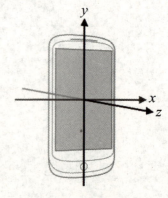

图 2-29　侦测读数变化

第3章　与明星合照——多媒体组件

如今手机的照相功能越来越强大，外出游玩时，同学们已经不必再带着照相机了，手机拍照已经成了司空见惯的事情。本章不但带领大家学习如何使用手机的照相机，而且为照相机增加了一些趣味的实现，还可以为相片手写签名喔（图3-1）！

图3-1　趣味照相机

学习要点

- 使用Camera组件拍照，并展示在Canvas组件中。
- 处理屏幕上的触摸及拖拽事件，使用Canvas组件来绘制线进行签名。

- 使用 HorizontalArrangement 组件来控制屏幕的外观。
- ImageSprite 组件切换图像。

任务概述

本章实现一个趣味照相，程序中预制了明星刘德华的照片，使用照相机实景拍照后，会将照片和明星刘德华的图片合成，还可以通过手写签上自己的名字，如图 3-2 所示，本章应用将实现下列目标：
- 用相机拍摄照片。
- 更换合成的照片为刘德华图片。
- 通过绘图合成照片。
- 用手指在手机屏幕上画线，进行签字。
- 单击按钮来擦净屏幕签字。

使用二维码工具，对准图 3-3 中的二维码进行扫描，先行体验本章案例，与明星一起合影吧！

图 3-2　与刘德华合影

图 3-3　明星合照案例安装

组件清单

创建"与明星合照"应用需要如表 3-1 所示的组件：

表 3-1　组件清单

组件		类型	命名	说明
明星合照组件清单	Label	文本标签	TitleLabel	标签说明
	Button	按钮组件	CameraButton	照相按钮
			ClearButton	清理签名按钮
	HorizontalArrangement	布局组件	HorizontalArrangement1	对按钮进行布局
	Canvas	画布组件	CameraCanvas	负责照片合成和绘制签名
	ImageSprite	图片精灵	Andy	负责再 Canvas 中加载刘德华图片
	Camera	照相组件	Camera1	启动手机照相功能

操作指引

3.1 创建工程

　　进入 http://ai2.appinventor.mit.edu 编辑器，创建新工程，命名为"StarCamera"，在开始工程之前，在组件设计器右侧的"属性"面板中，将"Screen1"的"Title"属性修改为"与明星合影"（图 3-4）。如果你开启了 AI2 在测试设备上可以立即看到这一改变：应用的标题栏将显示"与明星合影"。

　　添加 Label 组件，修改组件名称为"TitleLabel"，一般的组件名称都可以修改，但 Screen1 例外，在当前版本中不能修改它的名称，将组件命名为有意义的名称是良好的习惯。修改"TitleLabel"的 FontSize 属性为 24，Text 属性值为"谁来合我一起合影"，TextColor 属性修改为 Blue。如图 3-5 所示。

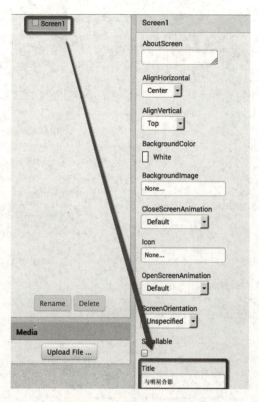

图 3-4 修改 Screen1 属性

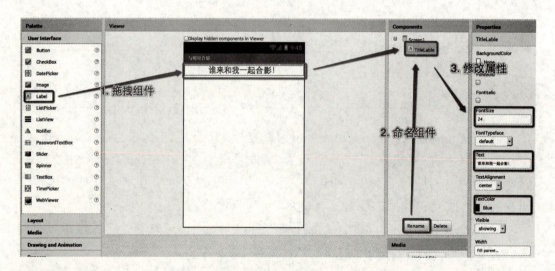

图 3-5 添加 Label 组件

> **注意**：在本项目中，没有像第一二章那样采用默认名称。而是通过有意义的名称增加了程序的可读性，尤其是在切换到块编辑器时，将有助于区分不同的组件。命名方式采用了多单词无空格的首字母大写命名方式。

3.2 添加 Canvas 画布

Canvas 组件像一块画布，用户可以在上面绘制图像，设置动画。打开组件面板中的 Drawing and Amination（绘画与动画）类，将 Canvas 组件拖到预览窗口中，改名为 CameraCanvas。

从地址 http://www.hebg3.com/appinventor/StarCamera.zip 下载资源文件，并找到 andy.jpg 图片，将这张明星图片上传到工程中。

将 CameraCanvas 的 BackgroundImage 设置为 andy.jpg：在设计器的属性面板中，BackgroundImage 的默认值为 None，单击 None 及 Upload File 来添加 andy.jpg 文件（图 3-6）。

图 3-6　添加画布 Canvas

图片精灵（ImageSprite）是附属在 Canvas 上的组件，可以通过该组件实现图片的动态绘制，在 Drawing and Animation 找到 ImageSprite，将 ImageSprite 组件拖入到 CameraCanvas 中的任何位置，在组件列表底部单击 rename，改名为"Andy"（图 3-7）。

图 3-7　添加画布 ImageSprite

3.3 添加 Button 并使用 Arrangement 组件改善布局

从组件面板拖拽二个 Button 组件到预览窗口，分别命名为 CameraButton 和 ClearButton，设置 CameraButton 的 Text 属性为"照相自拍"，BackgroundColor 属性设为"Yellow"，设置 ClearButton 的 Text 属性为"清理签名"，BackgroundColor 同样设置为"Yellow"。如图 3-8 所示。

Android 中通常采用布局组件来创建简单的垂直、水平或表格布局，也可以通过逐级插入（或嵌套）布局组件来创建更加复杂的布局。现在利用布局将二个按钮排成一行，使用 HorizontalArrangement 组件来实现组件的水平排列。

在组件面板的 Layout 类中拖出 HorizontalArrangement 组件，放在按钮下方，在属性面板中，设置 HorizontalArrangement 的 width 属性为

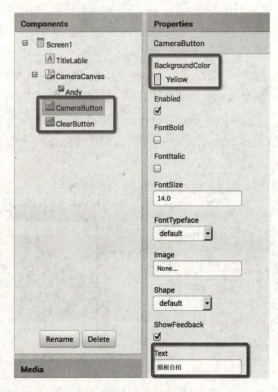

图 3-8 添加按钮

"Fill Parent"（充满父容器），以便在水平方向上占满整个屏幕。将二个按钮移动到 HorizontalArrangement 中（图 3-9）。注意，当你拖拽按钮时，会看到一条蓝色竖线，提示按钮将会被放置在什么地方。

图 3-9 HorizontalArrangement 布局

3.4 添加照相机

从组件的 Media 类中拖出一个 Camera 组件放在预览窗口中,它将落在非可视组件区(图 3-10)。

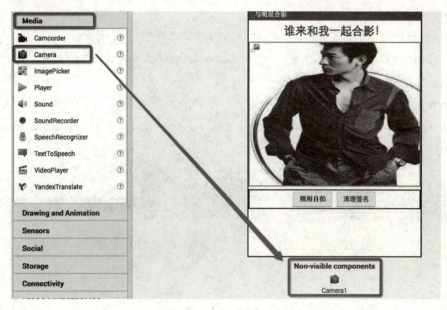

图 3-10 添加照相机

3.5 用户拍照

用户拍照利用了 Android 设备的照相机进行交互,我们把拍摄照片作为和明星照片合成的第一步。这将是一个有趣的应用。

Camera 组件有两个关键的块,如图 3-11 所示。

- Camera.TakePicture 块用来启动设备上的拍照程序。
- 拍照完成将触发 Camera.AfterPicture 事件。

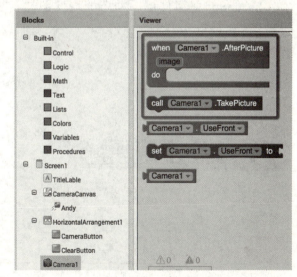

图 3-11 Camera 块

单击 Camerabutton 时，通过 Camera1.TakePicture 调用设备拍照，因此从 Camera1 抽屉拖出 Camera1.TakePicture 放在 CameraButton.Click 事件处理程序中（图 3-12）。

为了展示刚刚拍摄完成的照片，将刚刚拍摄的照片设置为 CameraCanvas.BackgroundImage。

在 Camera1 的抽屉中拖出 Camera1.AfterPicture 事件处理程序；

在 CameraCanvas 抽屉拖出 set CameraCanvas.BackgroundImage 块放在 Camera1.AfterPicture 事件处理程序中。

Camera1.AfterPicture 事件有一个名为 image 的参数，代表刚刚拍摄的照片，将从 Camera1.AfterPicture 块中得到的 get image 块插入 CameraCanvas.BackgroundImage 块。如图 3-13 所示。

图 3-12　Camera 拍照

图 3-13　在 Canvas 中显示拍照的图片

3.6　合成图片

我们希望在拍摄的照片上合成一个明星，你需要从我们提供的地址中下载一张明星的图片"home_andy.png"，这里将实现如何将你刚才拍摄的图片与"home_andy.png"进行合成。

ImageSprite 组件可以动态的改变图片，它只能被绘制在 Canvas 上。可以通过设置 ImageSprite 组件的 Picture 路径来加载图片。并将图片绘制在刚拍摄的图片上。图 3-14 诠释了实现。

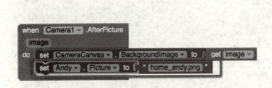

图 3-14　合成明星的图片到拍摄的照片上

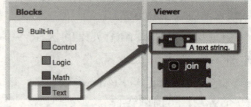

图 3-15　字符串块

3.7　照片签名

为了让这个应用更加有趣，我们添加一个在照片上手写签名的功能。当你在画布上手指滑动时（也就是在屏幕中拖拽时（Dragged）），沿着手指移动的路径，在 CameraCanvas 绘制出一条巨大的曲线（这条曲线实际上由数百个微小的线段构成：手指每次微小的移动，都将绘制一个微小的线段），从而实现手写的效果。

CameraCanvas 抽屉中找到 CameraCanvas.Dragged 事件处理程序块，如图 3-16 所示。

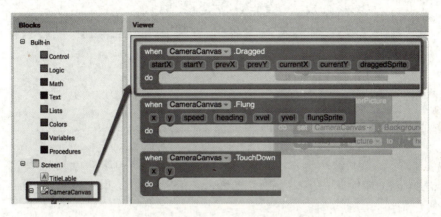

图 3-16　CameraCanvas.Dragged 事件

CameraCanvas.Dragged 事件携带了以下参数：
- StartX、StartY：手指开始拖动时所在的位置。
- currentX、currentY：手指的当前位置。
- prevX、prevY：手指的上一个位置。
- draggedSprite：布尔值，如果用户直接拖动一个图片，则其值为真。

在 CameraCanvas 抽屉中找到 PaintColor 属性设置，将其设置为红色，这样签名的颜色将为红色（图 3-17）。

图 3-17　CameraCanvas 画笔的颜色

CameraCanvas 抽屉中拖出 CameraCanvas.DrawLine 块，插入 CameraCanvas.Dragged 块中，CameraCanvas.DrawLine 块有四个参数，两点确定一线：设（X1，Y1）为起点，（X2，Y2）为终点。当手指在 CameraCanvas 上拖动时，拖动事件将被调用很多次：在应用中，手指的每次移动都会绘制出一个微小线段，从（Prevx, prevy）到（currentX, currentY）。现在把它们填入 CameraCanvas.DrawLine 块。

拖出"get"块来充当画线的参数。将 get prevX 与 get prevY 分别插入到

x1 和 y1 插槽；而 get currentX 与 get currentY 插入到 x2 和 y2 插槽，如图 3-18 所示。

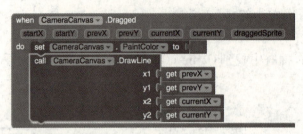

图 3-18 手写签名效果实现

3.8 清理签名

如果签名写得不好看或是不对，可以通过单击 ClearButton 按钮进行清除。在 ClearButton.Click 事件中，调用 CameraCanvas 抽屉里拖出 CameraCanvas.Clear 块，如图 3-19 所示。

图 3-19 清除手写签名

3.9 完整 Block

整个程序完成的 Block 如图 3-20 所示。

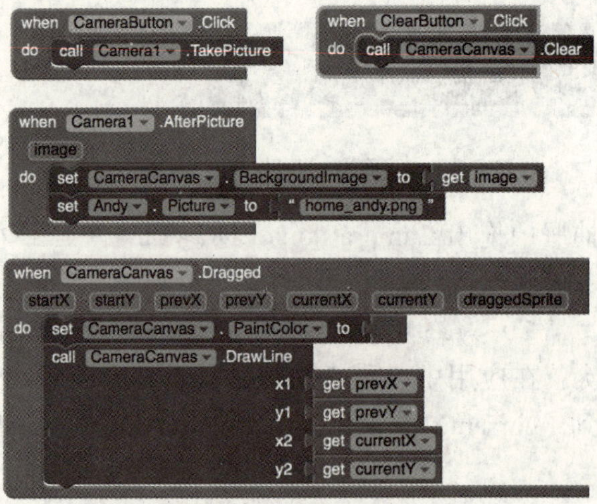

图 3-20 完整的 Block

3.10 设备测试

安装完整应用，使用程序照一张自己的照片，看看是否有个明星站在你旁边了（图3-21）？

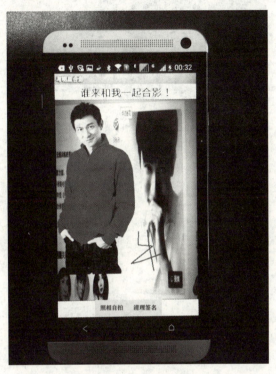

图3-21　实机测试

想一想

有时拍摄的照片与明星的合成的位置不是特别的合适，我们总需要重新调整Pose来适应明星图片的位置。你是否想过，如果我们可以调整一下ImageSprite在Canvas中的位置，会让这个应用变得更加贴心。

同学们可以尝试一下，通过ImageSprite的块来实现其在CameraCanvas画布中位置的调整。

阅览室

你处理可以利用本章讲解的DrawLine块绘制线，还可以通过Canvas组件提供的Canvas.Circle块，用来在canvas上以绘制像素组成的圆。首先需要将

Canvas.PaintColor 属性设置为你需要的颜色，然后调用某个具体的绘画块来画出颜色。其中的 DrawCircle 块可以绘制直径为任意大小的圆，但如果你将半径设为 1，如图 3-22 所示，那么只能画出一个单独的像素。

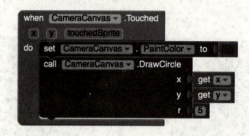

图 3-22　在 Canvas 中绘制圆

第4章 贪吃的小猴——创建游戏场景与精灵

目前，手机游戏风靡全球，是游戏领域里最有前景的一支。随着科技的发展，现在手机的功能也越来越多，越来越强大。而手机游戏也远远不是我们印象中的什么"俄罗斯方块""贪吃蛇"之类画面简陋、规则简单的游戏，当今的手机游戏有很强的娱乐性和交互性。无论走在街上，还是乘坐公共交通工具，常会看到不少人低着头、握着手机紧忙一番。这些人不是在做短信交流就是在玩游戏。手机游戏开始在全世界风靡起来。手机游戏不同于以往的游戏，它需要既有意思，又操作简单。从早期的诺基亚《贪食蛇》到《俄罗斯方块》再到今天《疯狂的小鸟》（图4-1），无一不令人疯狂着迷，今天我们就来开发一款属于自己的游戏《贪吃的小猴》。

图 4-1 手机游戏愤怒的小鸟

- 使用 OrientationSensor（方向传感器）组件检测设备的倾斜，并用它来控

制 ImageSprite。

• Clock 组件：用来计时，让 sprite 移动。
• Procedures：用来实现一系列的指令，可以重复调用，并创建和使用带参数的过程。

任务概述

本游戏通过控制手机的左右倾斜程度来控制一只小猴子的左右移动，天上会掉下来各种水果，用户需要控制小猴子左右移动来接水果吃，要注意天上掉下来的石头，被石头砸中会减少能量，能量减少完，游戏结束。游戏过程中每吃一个水果，用户的积分就会增长。如图 4-2 所示，本章应用将实现下列目标：

• 通过倾斜设备来控制猴子的左右移动。
• 让猴子接住天上掉下来的水果，增加积分。
• 查看屏幕上的能量指示条，被石头砸中，能量减少，并导致游戏结束。

图 4-2　贪吃的小猴

使用二维码工具，对准图 4-3 中的二维码进行扫描，在手机中安装游戏试完一下吧，体验手机游戏的快乐。

图 4-3 贪吃的小猴案例安装

📎 组件清单

在游戏中,使用 Canvas 组件构建游戏场景,ImageSprite 组件在游戏场景中活动,OrientationSensor(方向传感器)通过测量设备的倾斜来移动猴子,Clock 组件用来改变游戏精灵及场景的状态。ImageSprite 组件分别代表猴子、石头和水果。表 4-1 提供了本游戏中使用的全部组件列表。

表 4-1 贪吃的小猴组件

	组件	分组	命名	说明
贪吃的小猴组件清单	Canvas	Drawing and Amination	FieldCanvas	游戏场景
	Clock	User Interface	Clock1	控制能量积分以及水果和石头状态刷新
	OrientationSensor	Sensor	OrientationSensor1	控制小猴的运动
	ImageSprite	Drawing and Amination	Monkey	猴子:用户角色
			Stone	石头:减少能量条
			Apple	苹果:增加积分
			Banana	香蕉:增加积分

操作指引

4.1 创建游戏工程

进入 http://ai2.appinventor.mit.edu 编辑器，创建新工程，命名为"FruitMonkey"，屏幕标题设置为"贪吃的小猴"。

游戏的开发需要大量的图片素材，你可以通过 http://www.hebg3.com/appinventor/FruitMonkey.zip 地址下载背景、小猴、苹果、香蕉、石头的图片文件，将下载的图片文件上载（Upload file）到"FruitMonkey"应用中。

4.2 创建游戏场景

在组件设计器中创建一个 Canvas，命名为 FieldCanvas，并设置其宽度和高度均为"Fill parent"；设置 FieldCanvas 的 BackgroundImage 属性为背景图片 main_bg.png。如图 4-4 所示，为游戏创建了一个沙滩大海的背景。

图 4-4　游戏背景

4.3 小猴左右移动

在 FieldCanvas 背景上放置一个 ImageSprite，重命名为 Monkey，并设置其 Picture 属性为小猴端盘子的图片。将 ImageSprite 拖放到如图 4-5 所示的画布上的位置。

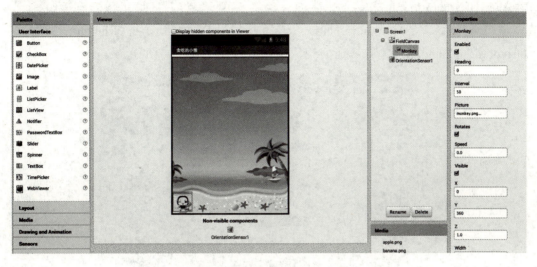

图 4-5　放置 ImageSprite 小猴

ImageSprites 有三个比较重要的属性，分别是 Interval、Heading 以及 speed，Monkey 的属性可以如图 4-6 所示进行设置。

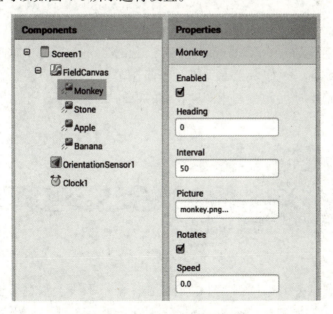

图 4-6　Monkey 属性的设置

- Interval 属性用来设定 ImageSprite 自身的移动频率。
- Heading 属性是 ImageSprite 将要移动的方向。0 表示向右，180 表示向左。因为 Monkey 在左边，所以我们初试让他向右移动。
- Speed 属性：指定 ImageSprite 在每个时间间隔内移动的像素距离。

猴子的左右运动由 OrientationSensor 通过检测设备的倾斜程度来进行控制，在程序中添加 OrientationSensor 组件，在"不可见组件"区域可以看到该组件。

切换到块编辑器，在 OrientationSensor1 的抽屉中找到 when OrientationSensor1.OrientationChanged，并将其拖拽到块编辑器视图中（图 4-7）。

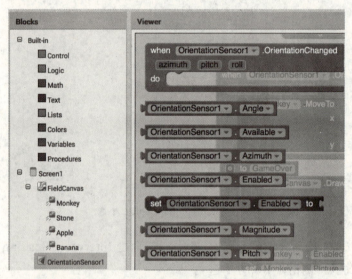

图 4-7　OrientationChanged 当方向发生改变时

在方向传感器 OrientationSensor 中有三个属性，其中 Roll 属性表示手机的倾斜方向：向左或向右（如果正握手机并稍向左倾斜，获得的读数为正值；反之向右倾斜则为负值）。因此，利用图 4-8 中的事件处理程序，可以实现小猴左右运动的控制。

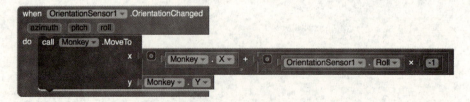

图 4-8　小猴左右运动

图中让小猴的 y 值保持不变，它可以在一个水平线上左右移动，让 roll 属性乘以 -1，因为向左倾斜时，roll 的值为正，乘 -1 后，变为 x 的坐标减小，小猴向左移动。

4.4 显示能量

在 FieldCanvas 组件上用一个红色线条来显示小猴的能量值。我们让小猴的健康取值范围在 0 ~ 200 之间，每次被石头砸中，损失值为 50，0 代表死亡游戏结束。

在块编辑器中，创建一个初始值为 200 的变量来记录小猴的能量值。从块编辑器中，拖出一个 initialize global name to 块，将 name 改为 energy（图 4-9）。

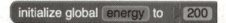

图 4-9 初始化小猴的能量值

如果 energy 块的右侧插槽内有其他块，删掉它：选中并按 Delete 键或直接拖到垃圾桶；直接在编辑块的空白处输入数值 200，然后插入 initialize global energy to 块，如图 4-10 所示。

以前我们总是从抽屉中拖拽相应的块，App Inventor 提供了直接输入的方式，并且块编辑器还为你提供了提示，帮助你快速键入块。

我们需要实现图 4-11 中所示的效果，需要将变量 energy 和红色的能量值建立联系。

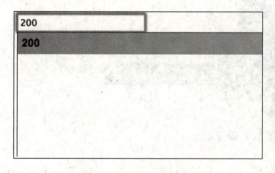

图 4-10 初始化小猴的能量值　　　　图 4-11 能量值和分数的效果

在 FieldCanvas 中绘制能量条，参见如下步骤：

（1）进入 Procedures 抽屉，拖出一个 to procedure 块（图 4-12）。
（2）单击过程名（可能是"procedure"），改为"DrawEnergyLine"。
（3）单击过程块左上角的蓝色方块，弹出两个块：input 及 input: x。
（4）将 input: x 块拖拽到 input 块内，将 x 修改为 color。
（5）重复步骤（4），拖拽插入第二块 input: x 并命名为"length"（图 4-13）。

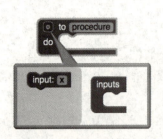
图 4-12 过程的参数设置

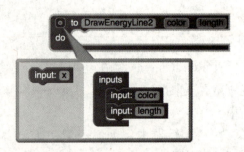
图 4-13 为过程设置参数

如图 4-14 所示,为该过程添加的其余的块:设置绘制的颜色为参数设定的颜色,将鼠标悬停在 to DrawEnergyLine 块的参数 color 文本上,获得 get color 块赋值给 PaintColor;因为能量显示有一定的高度,因此设置画笔的 Width 为 10;分别调用 FieldCanvas 的 DrawText 和 DrawLine 方法绘制文字和能量条。

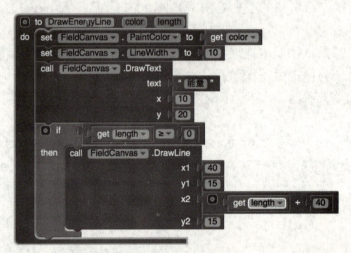
图 4-14 绘制能量显示

创建 DisplayEnergy 过程,显示能量展示,正如在图 4-11 中所看到,在红色能量下面有白色条的对比显示,DisplayEnergy 过程两次调用 DrawEnergyLine 过程,第一次用来绘制 EnergyCanvas 的白线,第二次用来显示红色的能量线,画一条长度等于 energy 值的线,如图 4-15 所示。

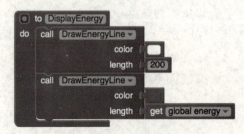
图 4-15 调用显示能量值

4.5 显示水果分数

在图 4-16 中，在能量的右侧还展示了小猴子吃到的水果的数量。在块编辑器中，创建一个初始值为 0 的变量来记录小猴吃到水果的数量。从块编辑器中，拖出一个 initialize global name to 块，将 name 改为 points。

创建过程 DisplayPoints，为该过程定义参数 Points，代表吃到的水果数量（图 4-17）。过程的创建方法参见 4.4 部分描述。通过 FieldCanvas 的 DrawText 方法绘制吃到的水果数量。

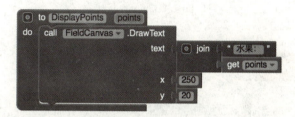

图 4-16 初始化小猴吃到的水果的数量　　　图 4-17 绘制吃到的水果的数量

注意图 4-17 中的 join 块，它可以将若干文本片段（或数字以及其他字符）连接成单一的文本对象。

4.6 通过计时器刷新显示

在组件面板添加 Clock 组件，它也将出现在"不可见组件"区域，并设置其 TimerInterval 属性为 100 毫秒。Clock 组件用来每隔 100 毫秒，检测一次能量和分值。

打开块编辑器，如图 4-18 所示，键入"when Clock1.Timer"生成块，并调用 FieldCanvas. Clear 清理绘制区，通过 DisplayEnergy 和 DisplayPoints 的调用展示能量条和吃到的水果分值。

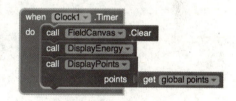

图 4-18 显示能量和分数

4.7 小猴被砸死

如果小猴子被石头砸中次数太多，使得变量 energy 小于 0，则游戏结束。此时小猴子不再移动，并将小猴子的图片换成哭泣的猴子，将 Monkey 的图片变为 fail.png；同时在 FieldCanvas 的中间，展示"GAME OVER"字样表示游戏结束。GameOver 过程的创建如图 4-19 所示。

在 Clock.Timer 方法中，每 100 毫秒调用一次，判断小猴的能量是否低于 0，如果低于 0，调用 GameOver 过程，结束游戏。如图 4-20 所示。

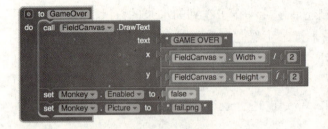

图 4-19　GameOver 过程　　　　　　　图 4-20　加入游戏结束在 Clock1.Timer 中

4.8　设备测试

绘制好游戏的场景后，可以在手机上运行测试，观察一下效果（图 4-21）。

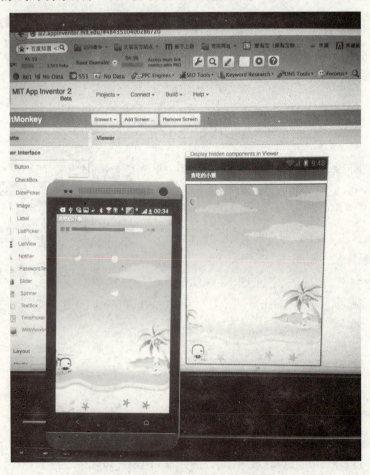

图 4-21　测试游戏的效果

想一想

当游戏结束的时候,本书中仅告诉玩家游戏结束了,对玩家缺少一些体验,比如展示出游戏的分值。另外在游戏结束后,还缺少一个重要的环节,就是让用户可以重新开始。

同学们可以在游戏结束后,在 FieldCanvas 上绘制用户玩游戏得到的分值。另外增加一个 Button 组件,当单击 Button 组件的时候,让游戏回到初试状态,可以重新开始游戏。

阅览室

如果希望过程在执行完一些步骤后,可以返回执行的情况或数据,这些数据可以被显示在任何地方,我们可以通过使用"procedure result"块来取代"procedure"块,如图 4-22 所示。

与"procedure"块相比,"procedure result"块的底部有一个额外的插槽,将一个变量放入插槽,这个变量将被返回给调用者。因此,正如调用者可以向过程以参数的方式传入数据一样,过程也可以以值得方式将数据返回给调用者。

如图 4-23 所示,过程返回了两个参数的和,可以把这个过程看成是加法的模块,只要传入两个数值,它将返回两个数值的合。

图 4-22　返回结果的过程　　　　图 4-23　procedure result 范例

第5章 贪吃的小猴二——游戏碰撞检测

在第四章中完成了《贪吃的小猴》的部分设计，由于内容较多，分为两章来实现，本章继续来完善这个关于猴子的游戏，玩自己开发的游戏，是多么激动人心的事情（图5-1）。

图 5-1　贪吃的小猴

学习要点

- 通过随机数改变 sprite 的位置。
- 使用各种逻辑运算的块，用变量来记录数值。
- 使用多个 ImageSprite 组件，并检测它们之间的碰撞。

任务概述

第四章完成了游戏场景的设计，并可以通过控制手机的左右倾斜程度来控制一只小猴子的左右移动，同时完成能量和分值在游戏场景中的绘制，本章延续上章的内容，实现小猴子与水果的碰撞以及小猴子与石头的碰撞，并将碰撞与能量和分值建立联系。本章应用将实现下列目标：
- 水果和石头的随机出现。
- 猴子与水果的碰撞判断。
- 猴子与石头的碰撞判断。

如果需要预览程序，可以在第四章的任务概述中，通过二维码安装预览。

组件清单

参考第四章第三部分组件清单中的内容。

操作指引

5.1 创建石头

回到 App Inventor 的 "FruitMonkey" 工程，打开组件设计器。创建 ImageSprite，命名为 stone，其属性设置如下（图 5-2）：

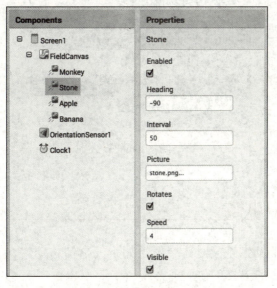

图 5-2 stone 属性设置

- Heading 属性设置为 -90 代表石头默认向下移动。
- Interval 属性设置为 50，每 50 毫秒向下移动一次。

- Speed 属性设置为 4，代表石头下坠的速度。
- 默认设置 Enable 和 Visible 均为 true。

切换到块编辑器，参照图 5-3 进行编写完成过程 InitStone。InitStone 过程首先判断石头是否可见，如果可见将 Enabled 设置为 true，并生产一个随机数，从 1 到 FiledCanvas 的宽，让石头随机产生一个 X 坐标，石头从随机的横向坐标开始下坠。

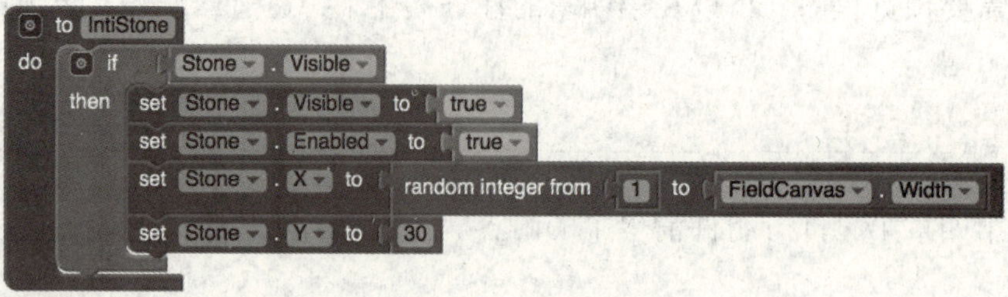

图 5-3　过程 InitStone

定时器每次跳动，只要游戏还在进行中的状态，都将调用 InitStone，时时来判断石头的状态（图 5-4）。

图 5-4　初始化石头

5.2　石头砸中小猴

当石头与小猴子发生碰撞时，会发生如下的事情：
- 小猴子的能量减少 50。
- 让石头消失（设置其 Visible 属性为 false）。
- 让石头停止移动（设置其 Enabled 属性为 false）。

为了处理石头与猴子的碰撞，创建 EatStone 过程，其块的内容如图 5-5 所示。

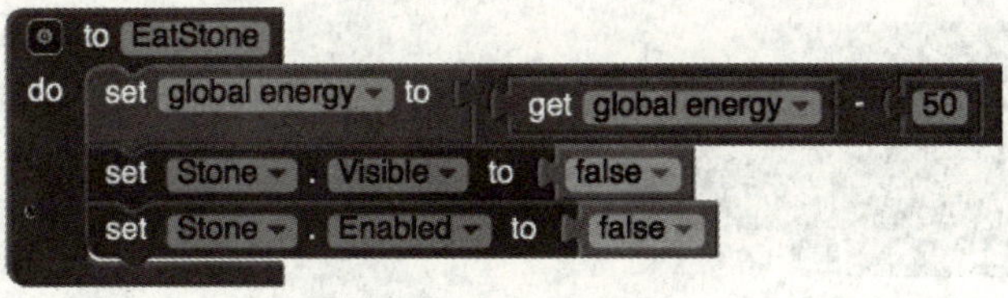

图 5-5 石头与猴子碰撞

5.3 石头与小猴的碰撞检测

当猴子与石头碰撞时，将调用 Monkey.CollidedWith，参数"other"指向任何与猴子发生相撞的 ImageSprite。因为除了石头，还会有水果和猴子产生碰撞，因此，要确认碰撞的对象就是石头；此外还要确认石头可见，否则，石头在碰撞后而重新出现之前，还会与猴子再次碰撞。如果缺少这项确认，隐形的石头会被再次碰撞，并引起能量水平的变化。如果确认碰撞了石头，调用过程 EatStone，减少能量（图 5-6）。

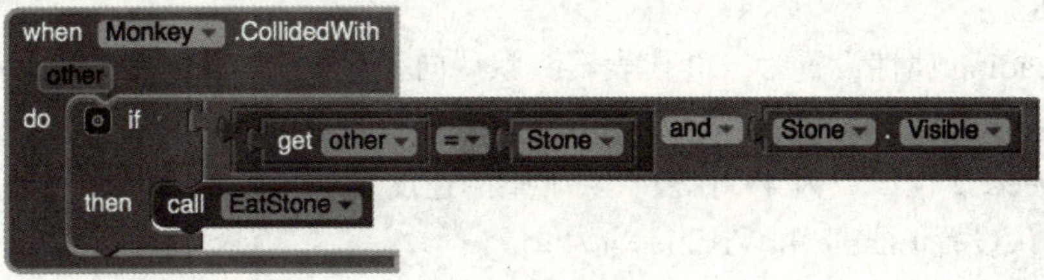

图 5-6 碰撞检测

5.4 石头的重复利用

石头在两种情况下需要重复利用：
1. 石头没有和猴子发生碰撞，落在了猴子的下面，让石头重新出现掉落。
2. 猴子和石头发生了碰撞，石头消失，需要重新让石头出现。

针对第一种情况，我们增加了一个判断，判断石头是否掉落在猴子的下面，如果掉落在猴子的下面，让石头重新掉落。第二种情况让石头重新初始化进行掉落。如图 5-7 所示。

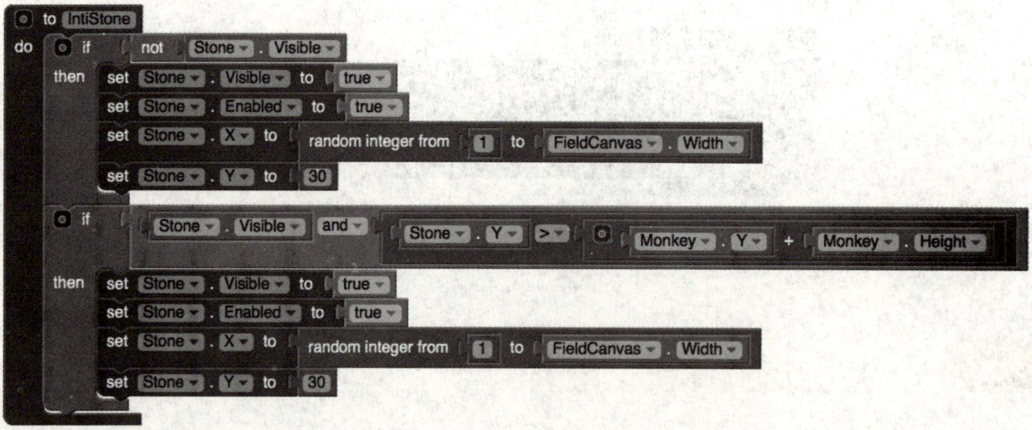

图 5-7　重复利用石头精灵

5.5　创建水果

创建水果的两个 ImageSprite，分别命名为 Apple 和 Banana，其属性设置如下（图 5-8）：

- Heading 属性设置为 -90 代表石头默认向下移动。
- Interval 属性设置为 50，每 50 毫秒向下移动一次。
- Speed 属性设置为 4，代表石头下坠的速度。
- 默认设置 Enable 和 Visible 均为 true。
- Picture 属性分别为 apple.png 和 banana.png。

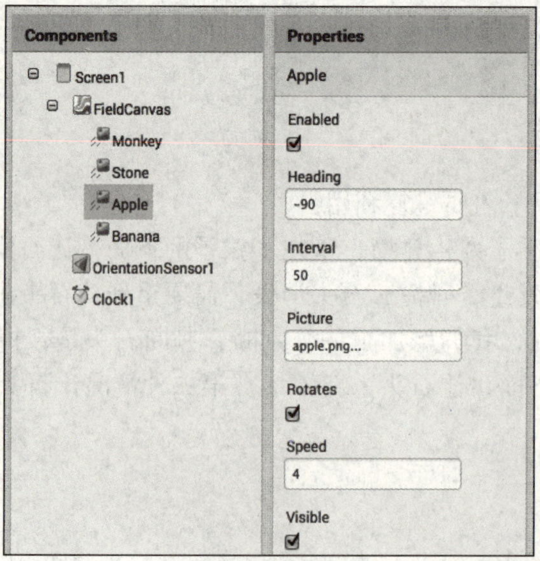

图 5-8　水果的属性

切换到块编辑器，完成过程 InitFruit。其思路与过程 InitStone 相同，详细如图 5-9 所示。

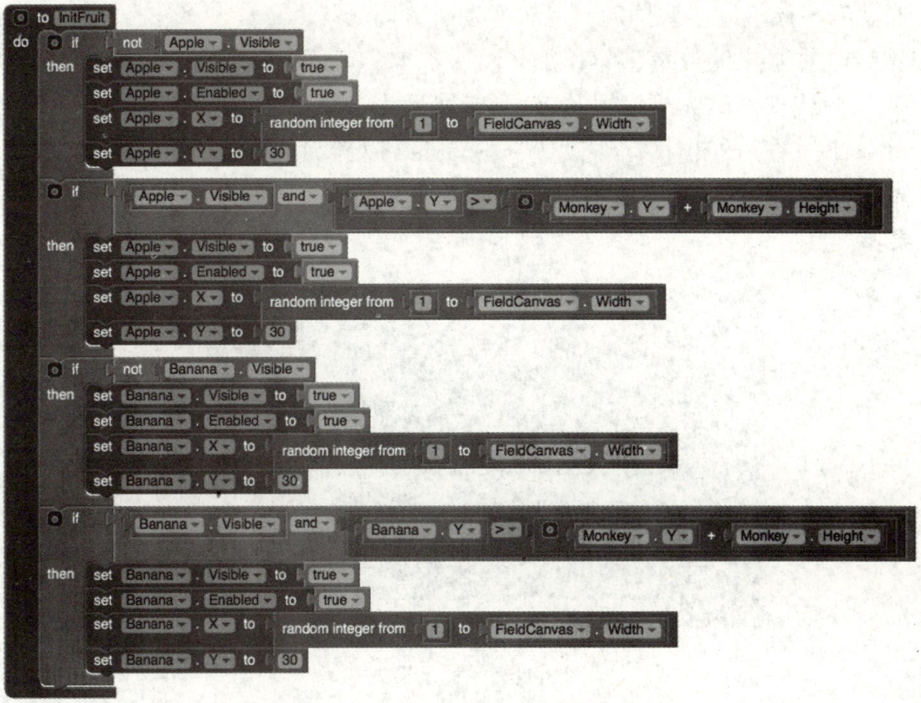

图 5-9　过程 InitFruit

图 5-10 中将水果的重复利用的相关代码也加入了进去。在 Clock1.Timer 中调用 InitFruit 过程。

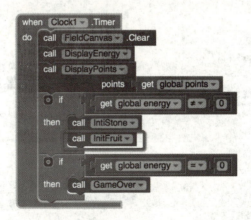

图 5-10　初始化水果

5.6 小猴子吃掉水果

当水果与小猴子发生碰撞时，会发生如下的事情：
- 记录吃掉水果的数量，累计加 1。
- 让苹果或香蕉消失（设置其 Visible 属性为 false）。
- 让苹果或香蕉停止移动（设置其 Enabled 属性为 false）。

具体实现的块，如图 5-11 所示，过程中有一个 Fruit 的参数，用于传入吃的哪种水果：

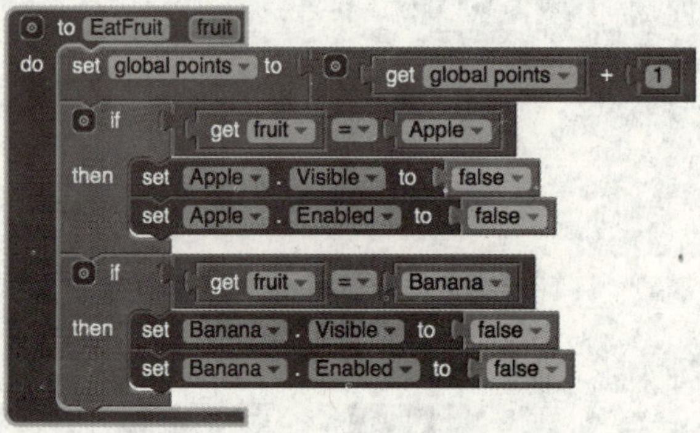

图 5-11　吃掉水果

5.7 水果与猴子碰撞检测

与和石头的碰撞检测相同，完成如图 5-12 所示的块。

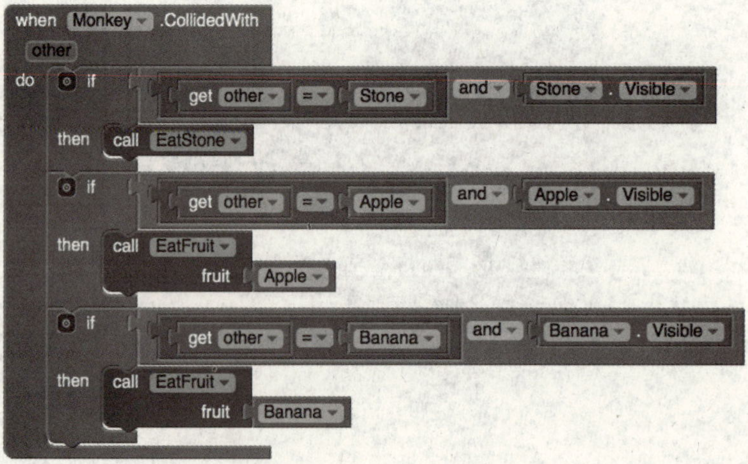

图 5-12　水果的碰撞检测

5.8 设备测试

至此,《贪吃的小猴》游戏已经全部完成,大家可以在自己的 Android 设备上将游戏运行起来,怎么样,玩自己开发的游戏,很爽吧!

想一想

在游戏设计中,有一项是非常重要的,那就是背景音乐和音效。在第四章和第五章并没有加入声音,是希望同学们能够自己完成背景音乐和音效的加入。

当石头或水果与猴子发生碰撞时,要添加音效及触觉反馈,请增加下面的操作:

在组件设计器中添加一个 Sound 组件。设置其 Source 属性;进入块编辑器,在 Monkey.CollidedWith 中调 Sound1.Play。

在游戏中增加背景音乐。

阅览室

一个程序员,在编写程序的时候添加注释是非常重要的,这是优秀程序员的基本素质。App Inventor 中,任何的块都可以添加注释,方法是在块上右击,并在快捷菜单中选择 Add Comment。如图 5-13 所示。

那么为什么要做注释呢?如果代码有一段时间你没有打开,你都有可能忘记当时的想法,想不起来这些块有什么用处。因此,尽管没有别人会看到你的代码块,你也应给添加这些注释。图 5-14 是注释的展示效果。

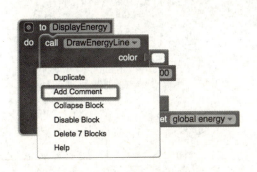

图 5-13 右键添加注释

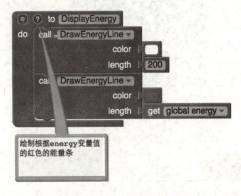

图 5-14 注释的显示

同学们,希望大家都能养成编写注释的好习惯。

第6章　儿童安全卫士——短信与数据库

统计数据显示，意外伤害占我国儿童死亡原因总数的26.1%，而且这个数字还在以每年7%～10%的速度增长，意外伤害已成为威胁我国儿童生命安全的第一"杀手"。儿童安全问题是每一个家庭在孩子成长过程中最为关注的，孩子的身边充满了各种危险因素。父母不仅要守护孩子健康成长，更要让孩子学会如何保护自己、远离危险。今天我们就利用App Inventor开发一款儿童安全软件，帮助更多的儿童应对危险的境遇（图6-1）。

图6-1　儿童安全

学习要点

- 复选框 CheckBox 组件的使用。
- 用于拨打电话的 PhoneCall 组件。
- 具有收发短信功能的 Texting 组件。

- TinyDB 数据库组件，用于保存自定义信息，即使应用已经关闭，信息也不会丢失。
- Screen.Initialize 事件，在应用启动时加载。
- 多个 Screen 的处理方式。
- LocationSensor 组件，处理位置信息。

任务概述

本章实现儿童安全卫士紧急求助手机软件，程序通过利用 App Inventor 强大的电话拨打、SMS 短信处理、数据库管理以及位置传感器等组件构建一款一键式的安全处理软件，如图 6-2 所示，本章应用将实现下列目标：

设置紧急求助电话，当遇到危险单击 SOS 按钮进行电话求救。

设置紧急求助短信，当遇到危险时单击 SOS 按钮发送求助短信，同时在短信中附带自己所处的位置。

短信回复求助：当身处危险中，不便使用手机时，手机收到短信时，自动进行回复，告知发送短信人自己的危险情况和所处位置。

使用二维码工具，对准图 6-3 中的二维码进行扫描，先行体验本章案例，尝试使用另一部电话一起做交互，一个非常有趣的应用程序！

图 6-2　儿童安全卫士

图 6-3　儿童安全卫士案例安装

组件清单

创建"儿童安全卫士"应用使用了三个 Screen 界面,三个界面内容说明如表 6-1、表 6-2 所示:

表 6-1　Screen 界面描述

	界面	说明
儿童安全卫士 Screen 说明	Screen1	紧急求救主界面
	Screen2	求救电话设置界面
	Screen3	求救短信设置界面

Screen1 界面需要下表所示的组件:

表 6-2　Screen1 组件

	组件	类型	命名	说明
儿童安全卫士组件清单	Label	文本标签	Title	标题说明
	Button	按钮组件	SOSButton	SOS 求救按钮
			SettingTel	设置求助电话
			SettingSMS	设置求助短信
	HorizontalArrangement	布局组件	HorizontalArrangement1	对按钮进行布局
	CheckBox	复选组件	CheckTel	电话求助复选框
			CheckSMS	短信求助复选框
			CheckBack	回复求助复选框
	TinyDB	存储组件	TinyDB1	存储求助电话号码和求助短信
	Texting	短信组件	Texting1	处理短信事务
	PhoneCall	电话组件	PhoneCall1	处理电话事务
	LocationSensor	位置传感	LocationSensor1	感知电话所处位置

Screen2 界面需要如表 6-3 所示的组件：

表 6-3　Screen2 组件

组件		类型	命名	说明
儿童安全卫士组件清单	Label	文本标签	Title	标题说明
			PhoneNumber	设置的求助电话
	Button	按钮组件	SettingButton	设置提交按钮
	TextBox	输入框组件	PhoneNumberText	输入新的求助号码

Screen3 界面需要如表 6-4 所示的组件：

表 6-4　Screen3 组件

组件		类型	命名	说明
儿童安全卫士组件清单	Label	文本标签	Title	标题说明
			SMSContent	求助短信的内容
	Button	按钮组件	SettingButton	设置提交按钮
	TextBox	输入框组件	SMSTextBox	输入新的求助短信内容

操作指引

6.1　创建儿童安全卫士工程

进入 http://ai2.appinventor.mit.edu 编辑器，创建新工程，命名为"Child Safety"，在组件设计器中单击如图 6-4 中所示的"Add Screen"按钮，分别再创建 Screen2 和 Screen3 两个界面，正如你使用手机时候看到的，你可以创建多个界面进行切换展示。

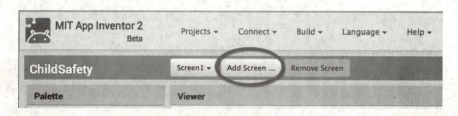

图 6-4 添加 Screen

在组件设计器右侧的"属性"面板中,将"Screen1"的"Title"属性修改为"儿童安全卫士";"Screen2"的"Title"属性修改为"设置求助电话号码";"Screen3"的"Title"属性修改为"设置求助短信内容"。

6.2 Screen1 界面设计

儿童安全卫士应用的 Screen1 界面包含了显示标题的 Label,带有 SOS 标示的图片按钮,选择求助形式的三个 CheckBox 和两个用于激活 Screen2 和 Screen3 的按钮。除此之外,还需要要拖入一个 Texting 组件、一个 TinyDB 组件、一个 PhoneCall 组件以及一个 LocationSensor 组件,其中 Texting 组件、TinyDB 组件、PhoneCall 组件和 LocationSensor 组件将出现在"不可视组件"区。

将表 6-2 组件清单中的相关组件按照图 6-5 所示布局进行拖拽。

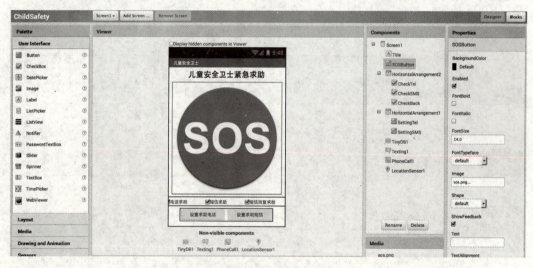

图 6-5 Screen1 界面组件的设计

(1)设置 Title 的 Text 属性为"儿童安全卫士紧急求助",勾选 FontBold(粗体字)属性,设置 FontSize 属性为 24。

(2)设置 SOSButton 的 Image 属性为"sos.png",图片可在下面地址下载:

http://www.hebg3.com/appinventor/ChildSafety.zip。

（3）设置 CheckTel 的 Text 属性为"电话求助"，勾选 Checked 属性。

（4）设置 CheckSMS 的 Text 属性为"短信求助"，勾选 Checked 属性。

（5）设置 CheckBack 的 Text 属性为"短信回复求助"，勾选 Checked 属性。

（6）设置 SettingTel 的 Text 属性为"设置求助电话"。

（7）设置 SettingSMS 的 Text 属性为"设置求助短信"。

6.3 Screen2 和 Screen3 界面设计

切换到 Screen2，将表 6-3 组件清单中的相关组件按照图 6-6 所示布局进行拖拽，构建 Screen2 界面。

（1）设置 Title 的 Text 属性为"设置求助电话"。

（2）设置 PhoneNumber 的 Text 为一个默认电话号码。

（3）设置 PhoneNumberText 的 hint 属性为"输入新的求助电话"。

（4）设置 SettingButton 的 Text 的属性为"修改紧急求助电话"。

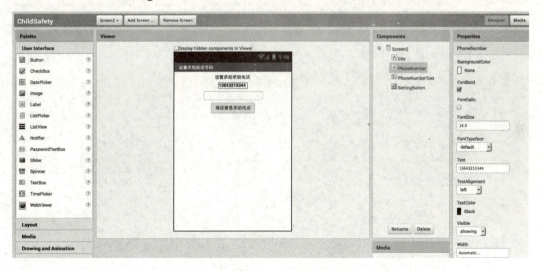

图 6-6 Screen2 求助电话设置界面

切换到 Screen3，将表 6-4 组件清单中的相关组件按照图 6-7 所示布局进行拖拽，构建 Screen3 界面。

（1）设置 Title 的 Text 属性为"设置求助短信内容"。

（2）设置 SMSContent 的 Text 为"我现在身处危险之中，紧急求助！"。

（3）设置 SMSTextBox 的 hint 属性为"请输入新的短信回复内容"。

（4）设置 SettingButton 的 Text 的属性为"设置求助短信"。

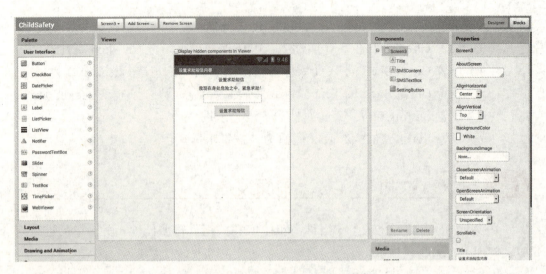

图 6-7　Screen3 求助短信设置界面

6.4 设置求助电话

无论发短信求助还是打电话求助都需要有一个紧急求助电话号码，Screen1 的 SettingTel 按钮用于打开 Screen2 界面设置电话号码。从一个 Screen 切换到另一个 Screen，可以通过 6-8 所示的 Control 的抽屉中获得。

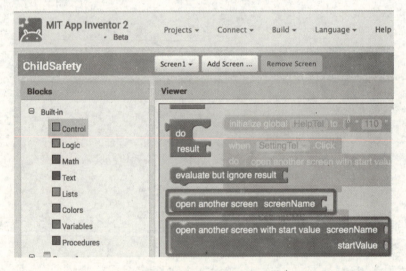

图 6-8　在两个 Screen 中切换

打开 Screen1 的 Blocks 编辑界面，声明 HelpTel 变量，将一个默认号码负值给 HelpTel。图 6-6 显示了用户单击"设置求助电话"按钮时，SettingTel.Click 事件被触发，screenName 代表要打开的界面，startValue 代表传递到 Screen2 的值。

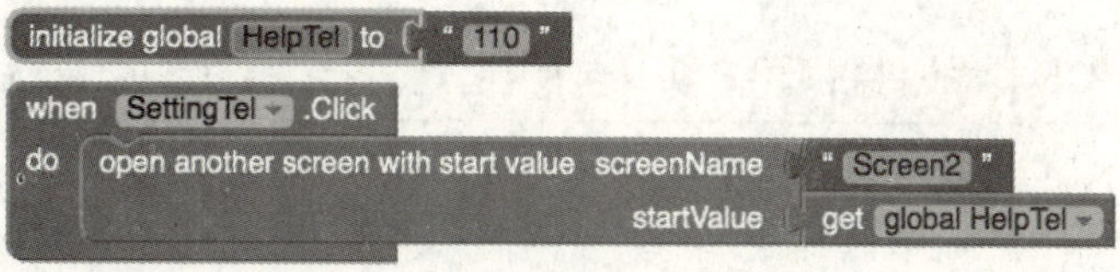

图 6-9　打开 Screen2 设置电话

切换到 Screen2 的 Blocks 编辑界面，App Inventor 提供了一个特殊的事件块：Screen2.Initialize，当应用启动时，将触发该事件。在 Screen2 的抽屉中获得。当切换到求助电话设置界面时，将传递的默认号码展示在 PhoneNumber 上，在输入框输入新的号码后，单击设置按钮，关闭 Screen2，回到 Screen1，并将新设置的号码返回给 Screen1。块结构如图 6-10 所示。

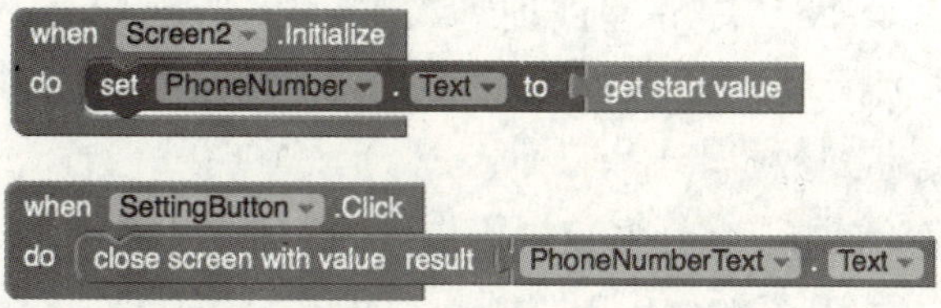

图 6-10　Screen2 设置电话的块

get start value 和 close screen with value result 都从 Contorl 的抽屉中得到。

6.5　设置求助短信的内容

与设置求助电话相同，在 Screen1 和 Screen3 中的 Blocks 编辑器中分别键入图 6-11 和图 6-12 的块。

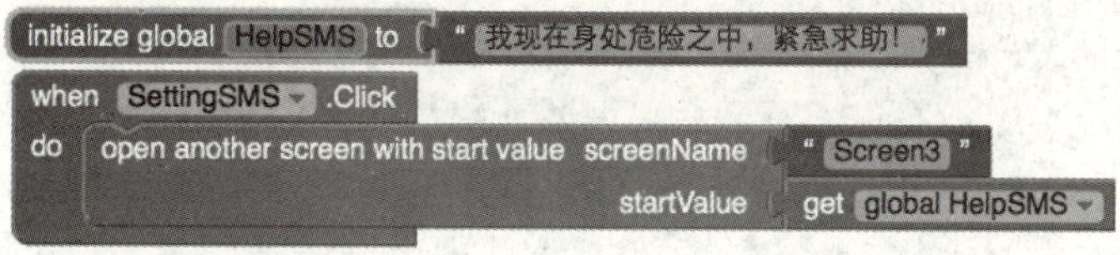

图 6-11　打开 Screen3 设置短信内容

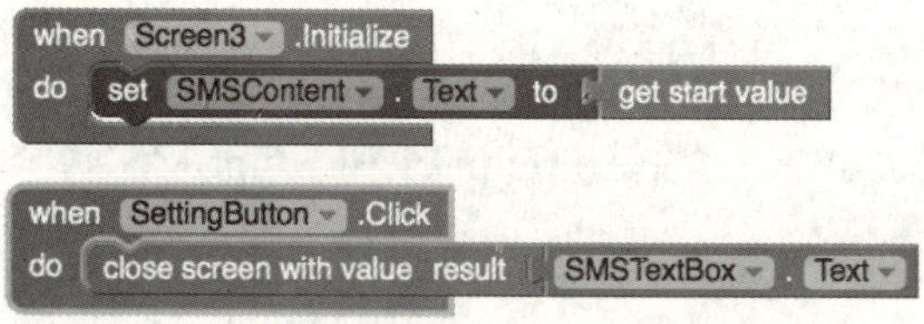

图 6-12　Screen3 中设置短信内容的块

6.6 将定制求救电话和短信回复保存到数据库中

组件的 Text 属性和 global 变量存储的数据是临时数据，就像人的短时记忆，只要应用关闭，数据就会被"忘记"。这会造成用户输入了定制的号码，然后关闭应用，当再次启动应用时，定制电话号码却不见了，用户希望在重启应用时，定制的内容还在，为此需要信息的永久保存。

TinyDB 组件可以帮助实现这一点，它可以将数据存储在 Android 设备内置的数据库中。TinyDB 提供两个功能：StoreValue（保存值）和 getValue（获取值）。前者允许应用将信息存储在设备数据库中，而后者则允许应用重新读取已存储的信息。

当从 Screen2 和 Screen3 关闭返回时，会调用 Screen1.OtherScreenClosed，Screen2 和 Screen3 在关闭后返回了输入的新修改的电话号码和短信内容。利用 TinyDB 将返回的数据存到数据库中。

T 向数据库中保存数据时，要为数据设置一个 tag（标签），本例电话号码的 tag 是"HelpTel"，短信内容的 tag 时"HelpSMS"。可以把 tag 想象成数据在数据库中的存放地址，是数据的唯一标识。必须使用相同的 tag 才能将数据从数据库中读取出来（图 6-13）。

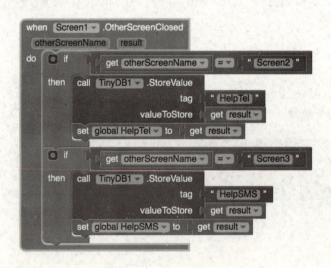

图 6-13 保存到 TinyDB

在保存到数据库的同时，也更新 HelpTel 和 HelpSMS 两个全局变量为最新返回的设置。

6.7 应用启动时读取求救电话和求救短信信息

Screen1.Initialize 事件的处理程序会检查数据库中是否存放了最新定义的求救电话和求救短信内容。如果是，则使用 TinyDB.GetValue 函数加载存储的内容。如果内容为空，则给返回一个默认的值（图 6-14）。

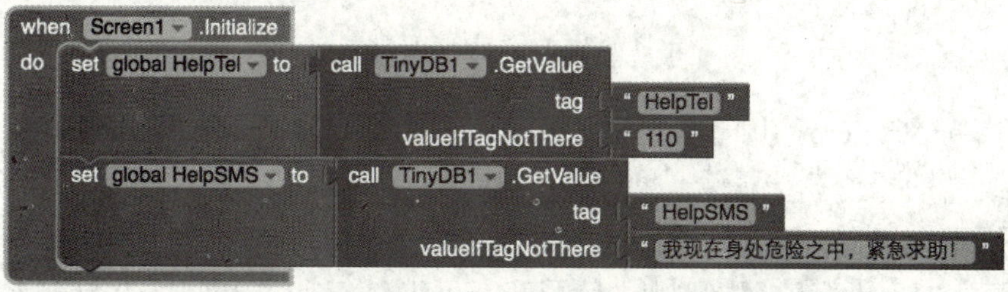

图 6-14 应用启动时读取求救电话和求救短信信息

6.8 获取位置

给了让救助者能够得到求救信息发送的位置，本例需要使用 App Inventor 提供的 LocationSensor（位置传感器）组件，作为手机的 GPS（Global Positioning System 全球定位系统）功能的接口。除了纬度和经度信息，LocationSensor 也可以接入到谷歌地图，为求救者提供当前位置的地址信息。

当手机的位置传感器第一次收到位置信息时或随着手机的移动，产生新的位置信息时。LocationSensor.LocationChanged 事件会做出响应，触发 LocationChanged 事件：当 LocationChanged 事件触发时，将当前地址信息保存到变量 lastLocation 中，再将变量值插入到回复的短信信息中（图 6-15）。

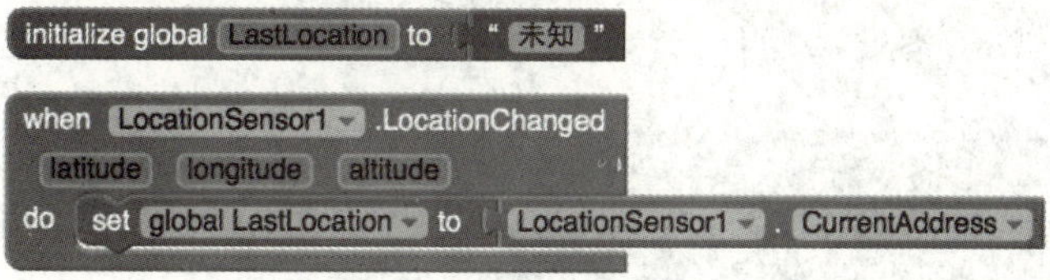

图 6-15 获得当前地理位置

6.9 拨打电话和发送短信

进入 Procedures 抽屉，拖出两个 to procedure 块；添加两个过程"CallHelp"和"SMSHelp"。

过程"CallHelp"用于拨打电话，拨打电话需要电话号码，因此为该过程添加参数 TelNumber，PhoneCall 的 PhoneNumber 设置为拨打的电话号码。PhoneCall.MakePhoneCall 实现电话呼叫（图 6-16）。

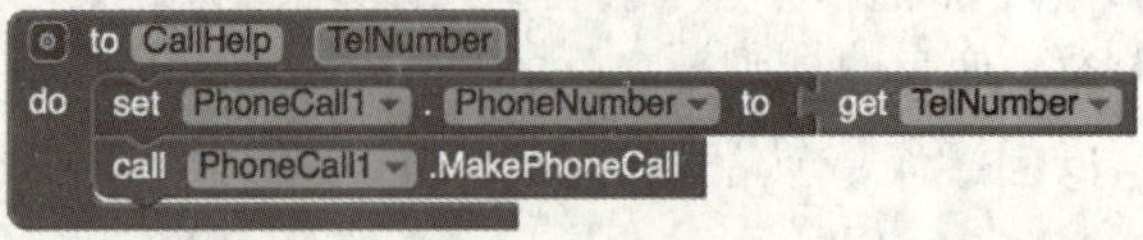

图 6-16　过程 CallHelp

过程"SMSHelp"用于发送短信，同样需要参数 PhoneNumber 电话号码，Texting 组件的两个关键属性：PhoneNumber 及 Message。PhoneNumber 设置为发送者的手机号，Message 设置为设置的求助短信内容，通过 Text 抽屉中的 join 添加位置信息，设置完成之后，调用 Texting.SendMessage 实现自动回复（图 6-17）。

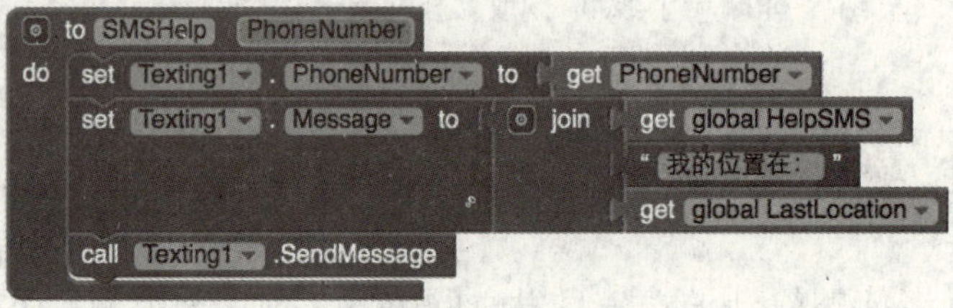

图 6-17　过程 SMSHelp

6.10　短信自动回复

如果 CheckBack 勾选，手机收到短信后将自动将求救信息发送到对方手中，手机收到短信将触发 Texting1.MessageReceived 事件。如图 6-18 所示，发送者的手机号保存在参数 number 中，短信内容保存在参数 messageText 中。自动回复就是要向发送者发送一条求助短信。

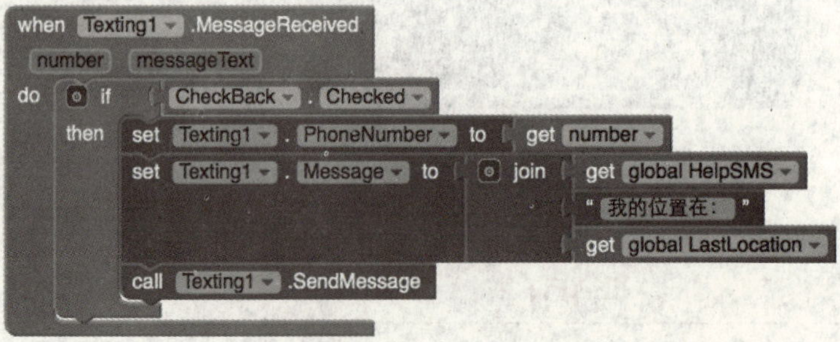

图 6-18　短信自动回复处理

6.11 响应 SOS 按钮事件

在本例中，有多种求助的方式，可以根据用户对于求助方式的选择，系统进行响应（表 6-5）。

表 6-5 用户不同选择的处理方式

序号	复选框状态	系统响应方式
1	☑CheckTel☐CheckSMS	调用过程 CallHelp 拨打电话求助
2	☐CheckTel☑CheckSMS	调用过程 SMSHelp 发送短信求助
3	☑CheckTel☑CheckSMS	调用过程 CallHelp 拨打电话求助同时调用 PhoneCall.PhoneCallEnded 当电话拨打结束后发送短信求助
4	☑CheckBack	任何情况下，收到短信都进行自动回复求助

当执行 SOSButton.Click 的时候，根据表 6-5 所描述的响应方式进行过程调用，如图 6-19 和图 6-20 所示。

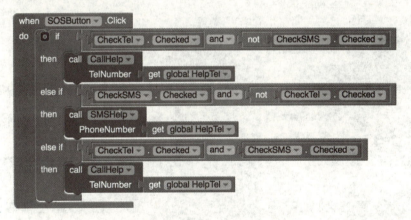

图 6-19 根据用户选择进行判断

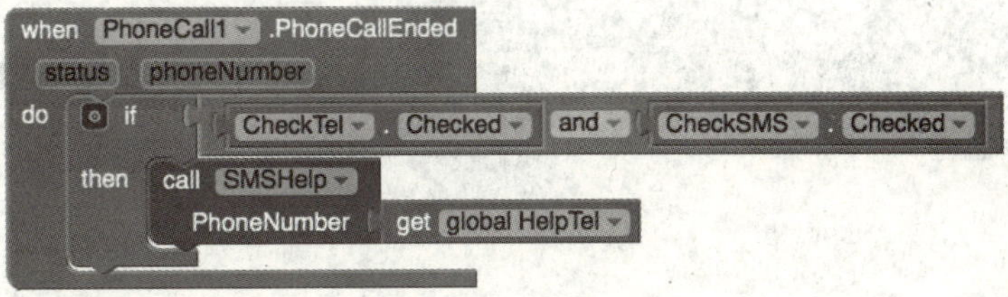

图 6-20 电话挂断后发送求助短信

6.12 完整 Block

整个程序完成的 Block 如图 6-21 所示。

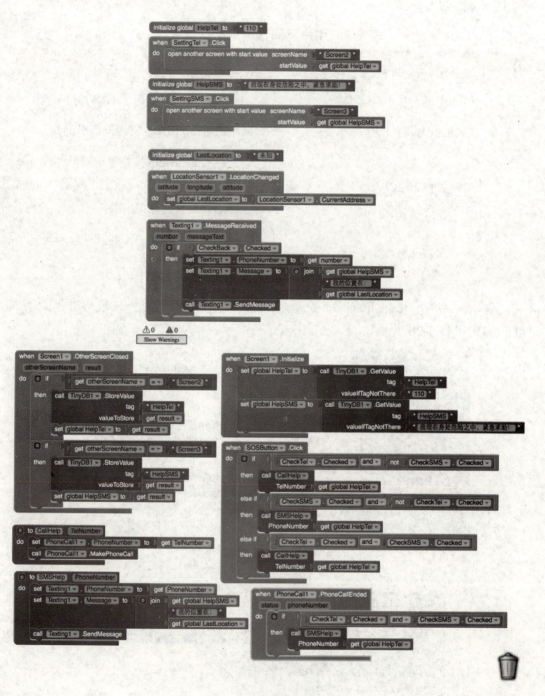

图 6-21 完整的 Block

6.13 设备测试

测试需要两部手机，在第一部手机中设定求助电话和一段自定义求助信息并提交，然后在第一部手机中通过 SOS 按键查看效果，用第二部手机发送短信到测试手机上，测试自动回复的内容。注意第二个手机是否接收到了带有位置信息的自动回复，如果没有，请确保你已经开启了第一部手机的 GPS 定位功能。

想一想

现在这款应用只能设置一个求助电话和一个短信求助内容，这可能并不能满足需要。例如你想同时将短信求助信息发送到多个手机上，就需要在这款应用做些扩展。

AppInventor 提供了 Lists（图 6-22）帮助你实现这点，同学们可以尝试通过 Lists 为应用设置多个求助电话和多个短信内容。

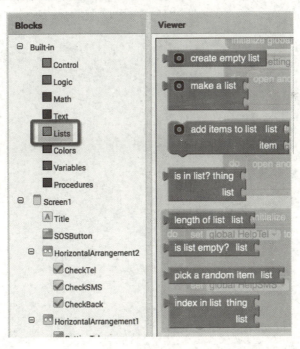

图 6-22 Lists 的块

阅览室

本章讲解了 App Inventor 提供的操作数据库的组件 TinyDB。TinyDB 用于直接在 Android 设备上永久保存数据，它适合于那些极其私人化的应用。在大多数的编程环境中，编写与数据库通信的应用是一种高级编程技术：要搭建数据库（软件）服务器，如 Oracle 或 MySQL 等，并编写程序与数据库建立连接。

App Inventor 中还提供了 TinyWebDB，它是 TinyDB 的 web 版本，可以让应用将数据保存到 web 上，方法与 TinyDB 类似，使用 StoreValue 与 GetValue 协议。同学们可以尝试一下 TinyWebDB，看看与 TinyDB 有何不同？

第7章 位置小贴士——GPS与地图应用

昨天刚去的商场，今天还想去，可是忘记它在什么地方了！明天要去新学校了，可是不知道在哪？妈妈的单位去过一次，可是记不清在什么位置了，想去找妈妈，怎么办？幸运的是，我们生活在了移动互联网的今天，Android手机可以帮助我们，今天我们开发一款"位置小贴士"应用，它能够帮助记录下我们常去的地方，通过高德地图展示并导航到这些地方。它将帮助你找到你想去的任何地方（图7-1）。

图7-1 路在何方

学习要点

- 通过 Notifier 组件显示提示信息。
- LocationSensor 组件用来确定 Android 设备的位置，显示当前位置情况。
- ActivityStarter 组件可以在当前应用中打开其他 Android 应用。本章用它来打开带有多个参数的高德地图。
- ListPicker 组件用于存储多个添加的位置信息，用户可以从地点列表中进行选择。

任务概述

本章将创建一个位置向导的应用，记录你常去的地方，位置贴士（图 7-2）将帮助你找到存储的位置。创建一个完整的地图应用看似复杂，不过 App Inventor 提供了 ActivityStarter 组件，可以为每个选定的位置打开对应的高德地图。创建过程分为两步，首先存储你的常用位置；然后选择你想找的地方，用高德地图启用位置的搜寻，你将在地图上导航到你要找的地方。

使用二维码工具，对准图 7-3 中的二维码进行扫描，先行体验本章案例，需要安装高德地图以便将添加的位置显示在地图上！

图 7-2　位置小贴士

图 7-3　位置小贴士案例安装

 组件清单

在位置小贴士应用中使用了如表 7-1 所示的组件：

表 7-1 组件详情

	组件	类型	命名	说明
位置小贴士组件清单	Label	文本标签	MapLabel	项目标题标签
			InstructionsLabel	项目介绍说明
			EnterAddressLabel	地址输入标签
			SelectedAddressLabel	已选择地址标签
			AddressForMapLabel	选择地址展示
	Image	图片组件	MapImage	美化界面图片
	Button	按钮组件	AddLocationButton	添加常用位置
			LocationHelpButton	位置贴士帮助
			SubmitButton	保持地址
			CancelButton	取消输入
			ViewOnMapButton	地图中查看
			MyLocationButton	地图中我的位置
	ListPicker	列表组件	ListPicker1	显示地址列表
	Notifier	复选组件	Notifier1	提示信息
	TinyDB	存储组件	TinyDB1	永久存储常用地址
	ActivityStarter	短信组件	ActivityStarter1	打开地图
	LocationSensor	位置传感	LocationSensor1	感知电话所处位置

除了表 7-4 所示的组件外，应用还使用了 HorizontalArrangement 组件和 VerticalArrangement 组件来完善组件布局。

 操作指引

7.1 创建工程并完成界面设计

进入 http://ai2.appinventor.mit.edu 编辑器，创建新工程，命名为"MapTips"，按照组件清单如表 7-1 所示，完成如图 7-4 所示的界面，并对界面组件进行命名，调整组件的属性。

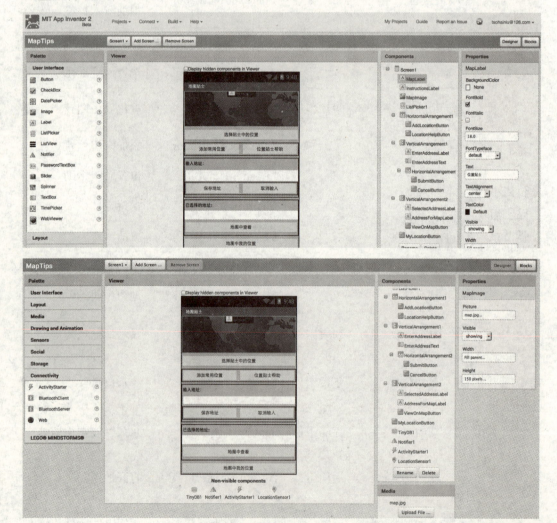

图 7-4　地图小贴士界面组件的设计

将表 7-4 组件清单中的相关组件按照图 7-5 所示布局进行拖拽。

（1）设置显示静态文本的 Label 的 Text 属性为固定文本，如图 7-4 所示内容填充。

（2）设置显示 Button 按钮的 Text 属性如图 7-4 所示内容填充。

（3）Image 组件的图片来源于地址：http://www.hebg3.com/appinventor/MapTips.zip。

7.2 初始化组件及数据

应用加载时，需要对存储的地址列表以及组件的状态进行初始化，打开块编辑器，如图 7-5 先定义两个全局的变量。

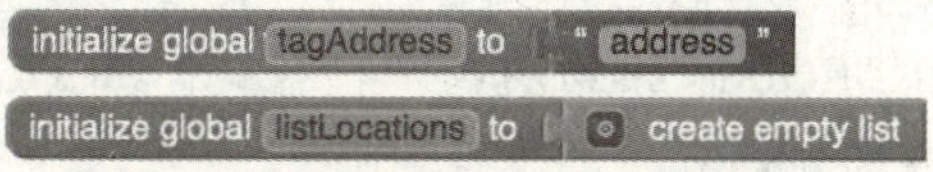

图 7-5 初始化变量

tagAddress 变量作为 TinyDB 对应地址列表的标签标识；listLocations 变量用于存储地址列表。创建 initData 函数，初始化组件的状态，并加载列表数据。在单击"添加常用位置"按钮之前，VerticalArrangement1 中的地址输入相关组件是不可见的。

从 TinyDB1 中获取已存储的地址列表，如果存储为空，则创建一个空的列表。将列表数据展示在 ListPicker1 上，如图 7-6 所示，当 Screen1 初始化时调用 initData 函数（图 7-7）。

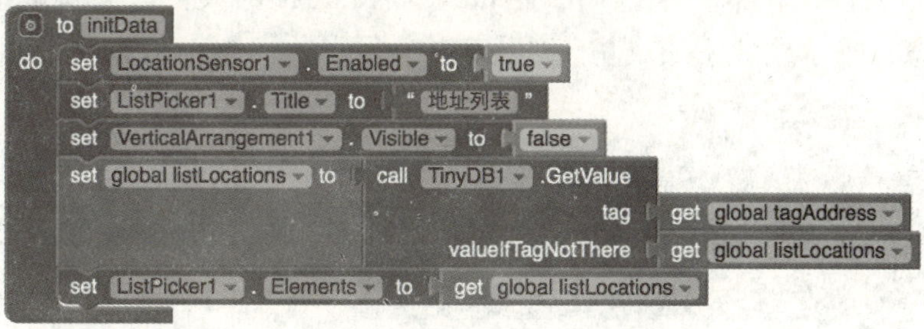

图 7-6 初始化组件状态及列表数据

图 7-7 调用 initData

7.3 添加位置地址

添加常用位置按钮 AddLocationButton 单击后，VerticalArrangement1 中的输入组件变为可见，用于输入并增加新地址，与此同时，在添加新地址完成或取消前，不允许再次添加，因此 AddLocationButton 的 Enabled 为 false。如图 7-8 所示。

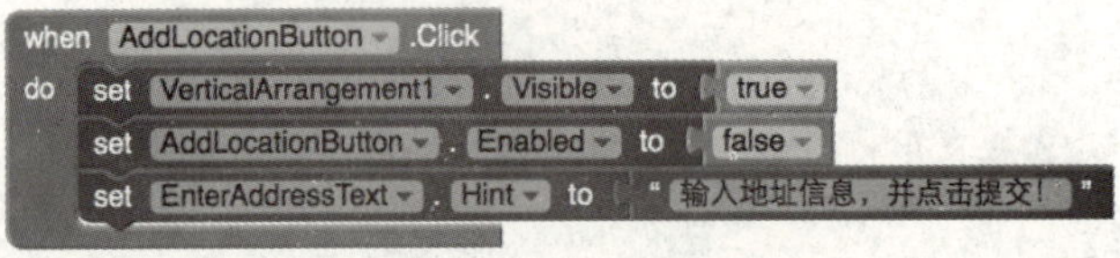

图 7-8　单击 AddLocationButton 按钮

创建函数 appendNewAddress，取出 ListPicker1 组件的列表元素，将输入地址框的新地址作为列表的 item 添加到列表中，并将添加了新地址的列表变量存储在 TinyDB 中。如图 7-9 所示。

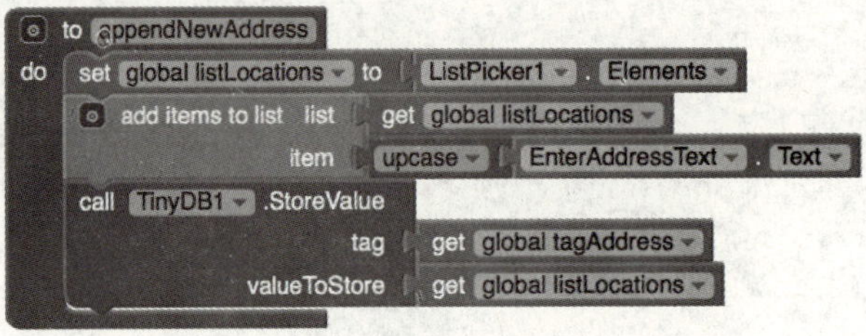

图 7-9　追加新地址到列表

当单击 SubmitButton 按钮时，如果地址为空，调用 Notifier 组件提示没有输入地址，如果输入正常，则调用 appendNewAddress 函数，追加新地址，并恢复组件的状态，提示地址添加成功。如图 7-10 所示。

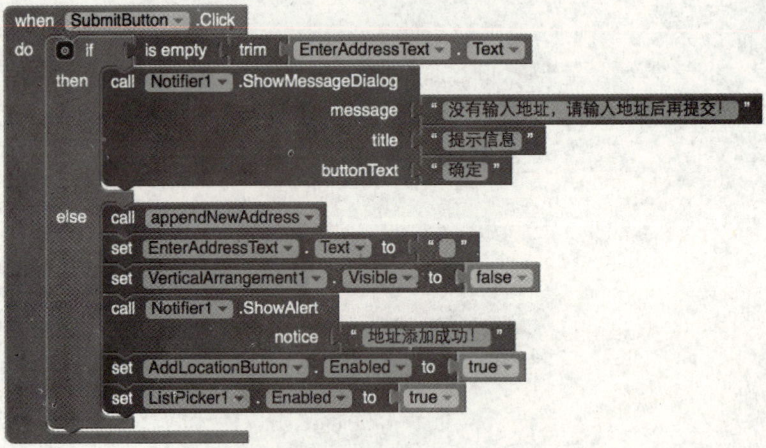

图 7-10　提交添加新地址请求

单击 CancelButton 取消新地址的添加，隐藏新地址输入的组件，并让 AddLocationButton 按钮恢复可用状态，如图 7-11 所示。

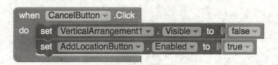

图 7-11　取消按钮

7.4 添加帮助提示

Notifier 通知组件可以在程序中显示特定的警示信息，通知用户使用过程中发生的变化。可自由调整通知的背景颜色，提示内容等。call notifier. ShowMessageDialog：显示一个只有一个按钮的通知视窗，当使用者按下按钮时将关闭此通知。

在这里程序为使用者提供使用帮助的说明，文字内容如图 7-12 所示。

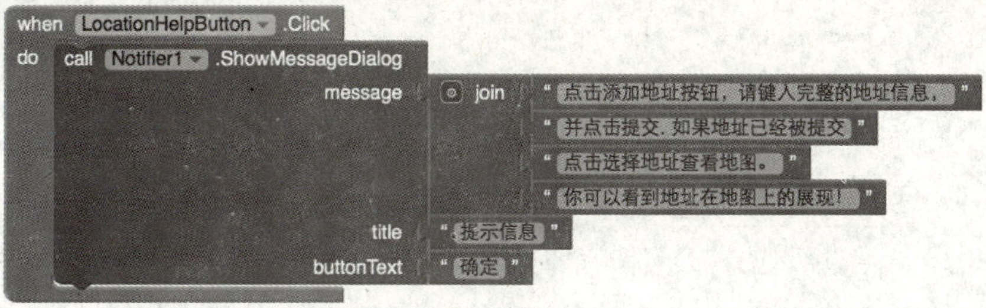

图 7-12　提供使用说明

7.5 从列表中选择地址

当用户在 ListPicker1 中选择一个地址元素时，程序将选择的地址显示在地址显示的 Label 上（图 7-13）。

图 7-13　选择列表地址

7.6 导航地址

定义函数 showMap 在地图中导航选择的地理位置。不过在此之前，你需要在 Android 手机上安装高德地图的客户端，通过 http://www.autonavi.com/ 地址下载该客户端。安装后，地理位置可以通过高德在地图上导航。如图 7-14 所示。

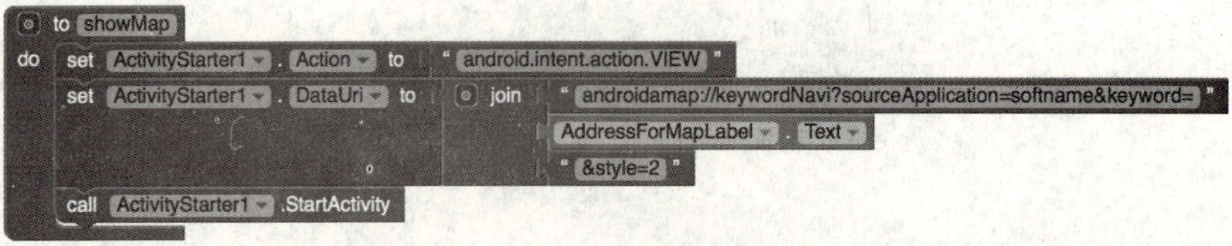

图 7-14 ActivityStarter 组件调用地图

ActivityStarter 组件可以打开任何 Android 应用，也包括高德地图，但必须做一些相应的设置。不过像打开浏览器或地图这样的应用，设置起来相当简单。

打开地图的关键是设置 ActivityStarter.DataUri 属性，该属性无异于你在浏览器中直接输入的网址。这里需要为 URL 设定动态参数，具体含义如下：

序号	参数	说明
1	Keywordnavi	服务类型
2	SourceApplication	第三方调用应用名称
3	Keyword	搜索关键字
4	Style	导航方式（0 速度快；1 费用少；2 路程短；3 不走高速；4 躲避拥堵；5 不走高速且避免收费；6 不走高速且躲避拥堵；7 躲避收费和拥堵；8 不走高速躲避收费和拥堵）

设置完成后，调用 ActivityStarter.StartActivity，将展示位置。

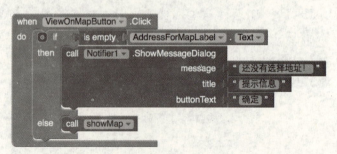

图 7-15 ViewOnMapButton 按钮事件

单击 ViewOnMapButton 按钮，如果显示地址的 Label 为空，则通过 Notifier

组件进行提示，否则调用函数 showMap 在地图中展示位置。显示效果如图 7-16 所示。

图 7-16　在高德地图中导航

7.7　在地图中查看当前地址

高德地图通过 myLocation 服务类型，获得当前的位置，并通过高德地图显示当前的位置。代码块如图 7-17 所示。

图 7-17　显示当前位置

7.8　完整 Block

整个程序完成的 Block 如图 7-18 所示。

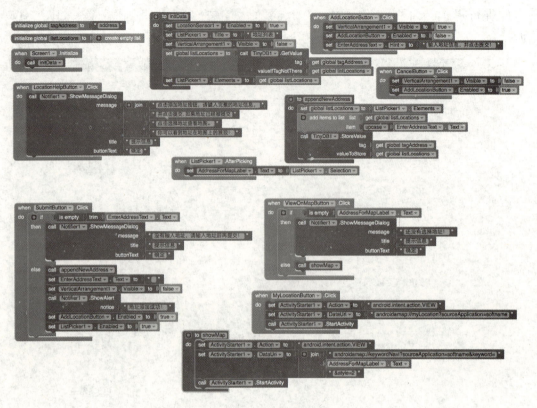

图 7-18 完整的 Block

想一想

在本章应用中已经实现了可以通过高德地图展示并导航存储的位置，也可以显示当前的位置，那么我们有没有方法，实现更多的应用服务呢，答案当然是肯定的。

在 http://lbs.amap.com/api/uri-api/android-uri-explain/ 地址中，有高德地图的 Android URI 调用说明，里面有导航、公交线路、周边分类、实时路况等各种参数说明，大家可以参照本章内容的讲解，动手试一试高德地图的其他功能，让本章应用变得更加强大。

阅览室

GPS（图 7-19）数据来自美国政府所保有的卫星系统，只要在视野开阔地带，至少能看到三颗卫星，你的手机就能获得读数。一份 GPS 读数包括位置的纬度、经度及海拔高度。纬度表示与赤道的距离，赤道以北为正值，以南为负值，范围从 −90 ~ 90。

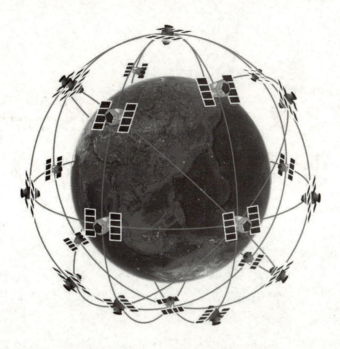

图 7-19　GPS

有几种方法可以确定 Android 设备的位置，最精确的方法是通过卫星，美国政府维护的组成 GPS 系统的卫星，可精确到数米。但是如果在室内，并有高楼或其他物体遮挡，则无法获得读数。需要在开阔地区并且系统中至少要有三颗卫星。

如果无法使用 GPS，或者用户的设备禁用了这一功能，也可以通过无线网络获得位置信息。设备需要在 WiFi 路由器附近，当然，你获得的经纬度读数是这台 WiFi 设备的位置信息。

判断设备位置的第三种方式是通过移动网络的基站编码（Cell ID），基站编码对手机位置的判断来源于手机与附近基站之间通信信号的强弱，这种方式通常不够精确，除非你周围有很多个基站。不过这种方式与 GPS 或 WiFi 连接相比，是最省电的。

第8章 创客世界——蓝牙与ARDUINO

近年来，随着诸如3D打印、开源软硬件等新技术层出不穷，"创客活动"风起云涌。"创客"降低了创新门槛，让更多人参与到创新中。人人创新，全民创造。而Arduino是开源硬件中的佼佼者，也是"创客"的最爱，Arduino是一款便捷灵活、方便上手的开源电子原型平台，包含硬件（各种型号的Arduino板）和软件（Arduino IDE）。它适用于青少年的创新学习。

本章将把Arduino+亚克力外壳+手工折纸+动手+创意一起构件的BOXZ盒仔机器人与App Inventor结合起来，让每位同学都成为一名创客。

BOXZ（盒仔）是一款入门简单、扩展丰富、可玩性超强的开源DIY机器人。无需专业的机器人平台、繁琐的编程和复杂的拼装。只要按照教程，你就可以快速搭建自己的电子宠物。同学们快速拼装后即可玩转蓝牙遥控机器人。

本章将Android手机变成BOXZ机器人的遥控器。应用中用按钮来控制机器人前后移动、左右转动和停止，以及机器人手臂的控制。应用中使用具有蓝牙功能的手机与机器人通信（图8-1）。

图8-1 BOXZ机器人与App Inventor

学习要点

- BluetoothClient 组件，用于建立 Android 设备与 Arduino 机器人之间的蓝牙连接。
- ListPicker 组件：为用户提供机器人选择列表，选中后开始建立机器人到 Android 的连接。

任务概述

本章通过 App Inventor 实现 Android 手机控制 BOXZ 机器人的运动与停止。BOXZ 是由 Arduino 主控板，电机驱动板，传感器控制板和蓝牙通信板构成，通过蓝牙协议传输控制字，而控制端是 App Inventor 开发的 Android 手机。在开始本章内容前，需要完成基于 Arduino 的 BOXZ 机器人的组装（组装过程可以参看购买硬件时附带的组装手册），组装完成后，如图 8-2 所示。

图 8-2　组装后的 BOXZ

组装 BOXZ 后，先将 Arduino 和电脑的 USB 端口用编程线缆连接。然后用 Arduino 开发工具打开 BOXZ 提供的 BOXZ 程序，并参照 BOXZ 软件部分的说明手册进行程序的上传。

本章的应用需要 Android 2.0 或以上版本。此外，出于安全原因，蓝牙设备必须先配对才能彼此连通。在开始构建应用之前，需要按以下步骤使 Android 设备与 BOXZ 机器人配对：

（1）为组装好的 BOXZ 安装电池。

（2）在 Android 设备上，进入设置→无线与网络，确保打开蓝牙功能（图 8-3）。

（3）单击"蓝牙"，在"可用设备"中查找名为"Bluetooth V2 或 Bluetooth V3"的设备。

（4）如果机器人名字下显示"与此设备配对"，则单击它。

（5）在 Android 上，会要求输入 PIN 码，输入默认 1234，然后按确定。

（6）看到"已配对但未连接。"，说明配对成功！

本章应用将实现下列目标：

- 通过蓝牙检测到 BOXZ 机器人。
- 通过蓝牙对 BOXZ 进行前后移动、左右转动和停止以及手臂的控制。

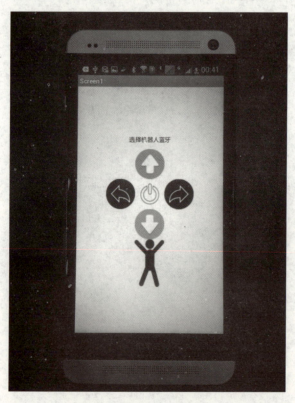

图 8-3　Android 控制面板

使用二维码工具，对准图 8-4 中的二维码进行扫描，先行体验本章案例，体验控制 BOXZ 的快乐！

图 8-4 Boxz 控制面板案例安装

创建本应用需要如表 8-1 所示的组件：

表 8-1 组件清单

组件		类型	命名	说明
BOXZ 机器人控制组件清单	ListPicker	列表组建	ListPicker1	选择蓝牙
	Button	按钮组件	Left	左转圈
			Right	右转圈
			Forward	向前
			Backward	向后
			Stop	停止
			Arm	控制手臂
			Disconnect	断开连接
	TableArrangement	布局组件	TableArrangement1	对按钮进行布局
	BluetoothClient	蓝牙组建	BluetoothClient1	建立 Android 与 BOXZ 的连接
	Notifier	通知组建	Notifier1	显示信息

操作指引

8.1 创建工程

进入 http://ai2.appinventor.mit.edu 编辑器，连接到 App Inventor 网站，创建新项目"RobotControl"，将设置屏幕的标题为"BOXZ控制器"，并连接测试手机。

使用按键来驱动 BOXZ 机器人的前进、后退、左右转动、停止和手臂，使用 TableArrangement 来放置除 ListPicker 和 Disconnect 按钮以外的所有组件。

如图 8-5 所示来设置可视组件布局：将 Left、Right、Stop、Forward、Backward 和 Arm 放在 TableArrangement1 中。

图 8-5　界面布局

按照下面描述设置组件的属性：
（1）设置 Screen1 的 AlignHorizontal 属性为"Center"。
（2）设置 ListPicker1 的宽度为"Fill parent"。

（3）设置按钮 Forward、Backward、Left、Right、Stop 和 Arm 的 Image 属性分别为"forward.png"、"backward.png"、"left.png"、"right.png""stop.png"和"arm.png"。资源图片可以从地址 http://www.hebg3.com/appinventor/RobotControl.zip 下载。

（4）设置 Disconnect 按钮的宽度为"Fill parent"。

在界面中放置不可见组件，如图 8-6 所示。

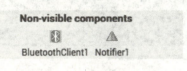

图 8-6　不可见组件

8.2　显示 BOXZ 蓝牙列表

建立蓝牙连接时，Android 设备需要访问 BOXZ 机器人具有唯一性的蓝牙地址，但蓝牙地址由 8 个用冒号分隔的 2 位数的十六进制数（二进制数的另一种表示方式）组成，输入起来非常麻烦，而且每次运行应用都要在手机上输入该地址。为了减少麻烦，使用 ListPicker 来显示已经与手机配对的机器人列表（列表项的值为机器人的名称及蓝牙地址），并从中选择一个会方便很多。

我们使用 BluetoothClient1.AddressesAndNames 块来提供蓝牙列表，列表项是已经与 Android 设备配对的蓝牙设备的名称及地址。

在 App Inventor 中编写如下 Block（图 8-7）。

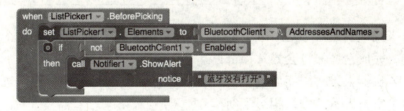

图 8-7　显示蓝牙列表

单击 ListPicker1 将触发 ListPicker1.BeforePicking 事件，并显示可选项列表。ListPicker1 将显示已经与 Android 设备配对的 BOXZ 机器人列表。如果没有，将提示"蓝牙没有打开"。

8.3　与 BOXZ 建立蓝牙连接

Android 与 BOXZ 的蓝牙进行连接后，才能通过蓝牙进行控制的通信，App

Inventor 通过使用 call BluetoothClient1.Connect 块实现与 BOXZ 机器人蓝牙进行连接。

选中 BOXZ 机器人后将触发 ListPicker1.AfterPicking 事件，根据选择进行连接，BluetoothClient1.Connect 块用于建立与机器人之间的蓝牙连接。如果连接成功，通过 Notifier1.ShowAlert 块弹出成功提示信息（图 8-8）。

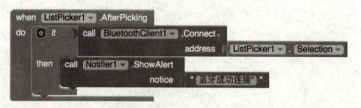

图 8-8　建立蓝牙连接

8.4　与 BOXZ 断开蓝牙连接

当单击 DisconnectButton 时，应用将关闭蓝牙连接，断开蓝牙连接要用 BluetoothClient1.Disconnect 块，添加如图 8-9 所示的代码块。

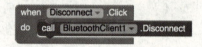

图 8-9　BOXZ 断开连接

8.5　控制机器人

接下来完成前进、后退、左右转动及停止和手臂控制的行为。这个环节是非常有趣的，完成它，你将会异常兴奋！

BOXZ 机器人采用单字符通信，通过按键操作发送小写的字母来进行相应的动作。其中空格表示急停，相当于刹车。

在我们的 Android 客户端通过发送对应的方向字符到 Arduino 中，来控制 BOXZ 的程序，具体的控制字符如图 8-10 所示。

图 8-10　BOXZ 的 Arduino 控制字符

单击 Forward 按钮时触发 Forward.Clicked 事件，此时调用 call BluetoothClient1.

SendText 块，向 Arduino 发送控制字符"w"，BOXZ 将向前行进，其余按钮的事件处理程序与此类似，如图 8-11 所示。

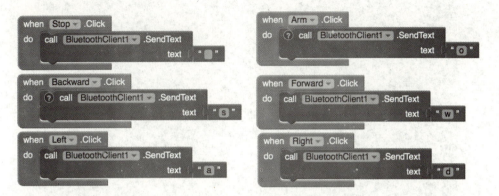

图 8-11　发送控制字符

8.6　完整 Block

整个程序完成的 Block 如图 8-12 所示。

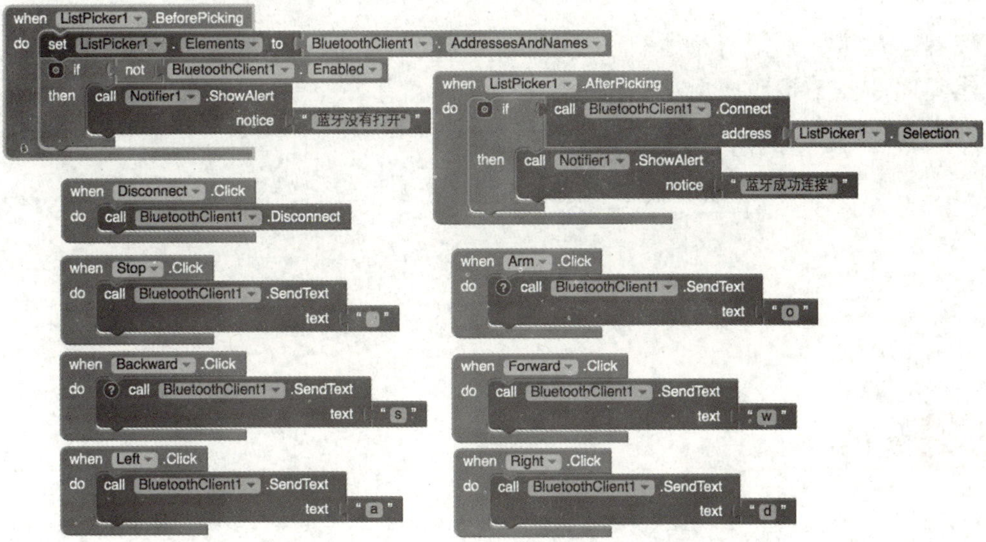

图 8-12　完整的 Block

8.7　设备测试

按照此前的"测试"说明，先连接 BOXZ 机器人蓝牙（图 8-13）。记得不要将机器人放在桌子上,以免跌落,然后测试各个控制按钮。

图 8-13 有趣的 BOXZ 机器人

想一想

在本章中,并没有将所有的 Arduino 控制在 App Inventor 中完成,同学们可以参见图 8-14,按照所标示的字符,在 Android 手机上完成所有的 BOXZ 控制。

图 8-14 有趣的 BOXZ 机器人

阅览室

在完成本章的过程中,为 Arduino 烧制程序是最为复杂的,Arduino 提供了 IDE 来为 Arduino 硬件进行程序的编写和烧制,可在他的官网 http://arduino.cc/en/main/software 进行下载。可以在地址 http://arduino.cc/en/Guide/HomePage 中,找到 Arduino 的相关学习向导进行学习。